科技部"十三五"国家科技重大专项（No.2017ZX05035004-002）

重庆市科技局面上项目（No.cstc2019jcyj-msxmX0517;cstc2021jcyj-msxm2007）

重庆市教育委员会青年项目（No.KJQN201901209）

煤层气资源与成藏过程教育部重点实验室（中国矿业大学）开放基金（No.2019-002）

资助出版

川南地区龙马溪组
页岩气成藏的构造控制

唐　鑫　朱炎铭　刘云峰　著

中国科学技术大学出版社

内 容 简 介

本书对川南地区页岩气勘探开发现状进行了介绍;依托野外地质调研与文献调研工作,对川南地区构造特征、地层特征、构造层划分及构造演化阶段进行了分析;依托大量的现代分析技术,对川南地区龙马溪组页岩储层进行了研究;在构造变形及形成机制、源岩储层特征、沉积-埋藏-生烃演化过程、源-盖匹配与构造控制方面开展了广泛细致的研究工作,多因素综合分析提出了川南地区页岩气勘探开发潜力区域。

本书的研究成果对川南地区页岩气勘探开发与选区有一定的理论指导意义,适合相关院校师生以及行业工程及研究人员参考使用。

图书在版编目(CIP)数据

川南地区龙马溪组页岩气成藏的构造控制/唐鑫,朱炎铭,刘云峰著. —合肥:中国科学技术大学出版社,2022.1

ISBN 978-7-312-05313-9

Ⅰ. 川… Ⅱ. ①唐… ②朱… ③刘… Ⅲ. 油气藏形成—研究—川南地区 Ⅳ. P618.130.2

中国版本图书馆 CIP 数据核字(2021)第 182518 号

川南地区龙马溪组页岩气成藏的构造控制

CHUANNAN DIQU LONGMAXI ZU YEYANQI CHENGCANG DE GOUZAO KONGZHI

出版	中国科学技术大学出版社
	安徽省合肥市金寨路 96 号,230026
	http://press.ustc.edu.cn
	https://zgkxjsdxcbs.tmall.com
印刷	安徽国文彩印有限公司
发行	中国科学技术大学出版社
经销	全国新华书店
开本	710 mm×1000 mm 1/16
印张	15.5
字数	304 千
版次	2022 年 1 月第 1 版
印次	2022 年 1 月第 1 次印刷
定价	65.00 元

前　　言

构造作用不仅控制油气盆地的沉积建造过程,而且控制生烃后期的储层改造过程。本书以四川盆地南部下志留统龙马溪组富有机质页岩为研究对象,以构造演化为主线,采用野外调查、实验测试、数值模拟、理论研究等方法,针对构造控制下的页岩气成藏的科学问题展开系统阐述。主要包括以下内容与认识:

龙马溪组在研究区广泛分布,本书基于野外地质调查、资料收集,结合显微构造、岩石组构分析以及元素地球化学特征,判别了川南地区古沉积-构造环境、构造发育及其演化过程,阐明了龙马溪组页岩沉积之后经历的应力-应变环境及动力学机制。识别出龙马溪组页岩孔隙类型包括有机质孔、粒间孔、粒内孔及微裂缝,页岩主体孔径分布稳定,孔径小于 300 nm 的孔隙对页岩总孔体积的贡献度为 83.44%～94.23%。并结合 FHH 孔隙分维数计算模型,得出孔隙比表面积与孔容随有机质成熟度演化的特征。

本书基于单井沉积埋藏演化史恢复结果,阐明了有机质演化过程中孔隙孔容与比表面积变化特征,并将川南地区龙马溪组泥页岩沉积历史分为四期演化阶段:加里东末期的快速埋藏阶段(443～400 Ma)、海西期的缓慢抬升阶段(西部)(400～270 Ma)、印支期至早燕山期的快速埋藏阶段(270～110 Ma)及晚燕山期-喜马拉雅期的持续抬升阶段(110～10 Ma)。

川南地区三叠系嘉陵江组或雷口坡组为龙马溪组区域盖层,LM5～LM6 段为龙马溪组下部富有机质页岩段的直接盖层,WF2～LM4 为龙马溪组主力含气段。本书基于储层突破实验、甲烷扩散系数实验等,得出了甲烷分子在储层扩散运移的特征;基于 L-F 模型表征理想状况下不同埋深情况页岩气赋存状态,得出了页岩气由吸附态为主向游离态为主的临界转换深度为 1300～4900 m 的结论。

页岩气成藏后期储层温压的变化主要由构造作用控制,本书基于能量动态平衡理论,阐明了构造控制下页岩气能量演化及响应机制,揭示了燕山晚期之后研究区在长时间的构造抬升作用影响下,储层能量对储层温压环境变化的积极响应:储层基块弹性能衰减速率比气体弹性能衰减速率慢,有利于储层孔隙回弹与气体赋存状态调整的过程;游离气弹性能衰减速率较吸附气弹性能衰减速率快,由游离态逐渐向吸附态发生转化。

　　基于大量的野外工作与物理实验,本书进一步阐明了川南地区龙马溪组构造控制下的页岩气成藏特征,并优选了研究区内的页岩气勘探开发有利区,研究成果对川南地区页岩气勘探开发与选区有一定的理论指导意义。

　　感谢科技部"十三五"国家科技重大专项"五峰-龙马溪组页岩气高产区形成条件及模式"(No. 2017ZX05035004-002),重庆市科技局面上项目"全尺度表征龙马溪组页岩气微观运移及渗流耦合特征"(No. cstc2019jcyj-msxmX0517)、"海相富有机质页岩黏土矿物纳米孔隙中甲烷分子脱附机理研究"(No. cstc2021jcyj-msxm2007),重庆市教育委员会青年项目"富有机质页岩纳米孔隙-裂隙系统特征及储层差异性演化规律研究"(No. KJQN201901209)以及煤层气资源与成藏过程教育部重点实验室(中国矿业大学)开放基金(No. 2019-002)对本书的资助。

作　者

2021 年 6 月

目　　录

1 绪 论

页岩气是指主体位于暗色泥页岩或高碳泥页岩中,生成、储集和封盖都发生在页岩体系中,表现为典型的"原地"成藏模式,主要以吸附态及游离态赋存于页岩基质孔隙或裂隙中的天然气(Curtis,2002;张金川等,2004,2009;邹才能等,2015,2016)。随着全球能源需求问题日益突出,页岩气越来越受到各国重视,已成为当今油气勘探开发重要的领域之一,世界各大石油公司也将页岩气的勘探开发纳入其战略目标。全球页岩气资源量为 456.2×10^{12} m³,与煤层气和致密砂岩气的总和相当,约占全球非常规天然气资源量的 50%,其中北美页岩气资源量为 108.7×10^{12} m³,中亚地区(包括中国)页岩气资源量为 99.8×10^{12} m³,位居世界第二位(World Energy Council,2010)。我国页岩气资源潜力巨大,具有多层系发育的特点(张金川等,2009;郭彤楼等,2013,2014,2016;邹才能等,2015,2016;腾格尔等,2017)。

川南地区作为中国南方海相页岩气勘探的重要区块之一,在构造单元上属于川南低陡褶皱带,地表构造行迹表现为典型的帚状构造,东西边界分别为齐岳山基底断裂带和华蓥山隐伏基底断裂带,历经晚元古代-古生代弱造山、中生代强造山、新生代造山后形成残余盆地等多期构造运动,表现出多阶段构造行迹复合与叠加的构造格局。随着威远-长宁页岩气工业建产区的建成,探讨构造变形特征、构造演化特征与页岩储层沉积成岩过程、有机质生烃过程、构造保存过程的动态耦合问题,对解释我国南方复杂构造条件下页岩气成藏机理有着越来越重要的指导意义。

本书依托科技部"十三五"国家科技重大专项"五峰-龙马溪组页岩气高产区形成条件及模式",选取四川盆地南部下志留统龙马溪组页岩为研究对象,基于野外地质调查及实验测试工作,以构造演化为主线,从区域构造特征、目的层"源-储"特征出发,结合数值模拟软件,研究了川南地区构造演化史-沉积埋藏史-有机质生烃史,探究了龙马溪组页岩沉积-生烃-成藏/破坏的动态演化分异过程,阐明了构造控制下的页岩气成藏模式,本书的研究成果对在复杂构造条件下的页岩气地质评价及有利区优选具有重要参考价值。

1.1 国内外研究现状

1.1.1 页岩气国外开发现状

页岩气在全球广泛分布,美国是世界上最早成功实现页岩气商业开发的国家,其页岩气勘探开发历程及进展也基本代表了世界在该领域研究历程(Curtis,2002;Jarvie et al.,2007;Pollastro et al.,2007;Gale et al.,2010)。

美国页岩气开发始于 1821 年,以纽约 Chautauga 县泥盆系 Dunkirk 页岩中第一口页岩气井成功完井为标志,拉开了美国页岩气工业开发的序幕。1821 年以后,相继在宾夕法尼亚、俄亥俄等州钻探了一些浅井,但产量很低,没引起足够的重视。20 世纪 90 年代以来,页岩气工业得到迅猛发展,页岩气产量大幅度提高,1989 年为 42×10^8 m³,此后保持持续增长的趋势,10 年时间产量翻番,并于 2001 年首次突破百亿立方米,达到 102.8×10^8 m³。页岩气产能的大幅提升得益于 2003 年以来水平井与压裂工艺的推广,同时加密井网部署方案使页岩气采收率提高了 20%(Huff et al.,1996;Hill et al.,2000;Jarvie et al.,2007;Royden et al.,2008;Nadan et al.,2009;Hammes et al.,2011;邹才能等,2015,2016)(图 1-1)。

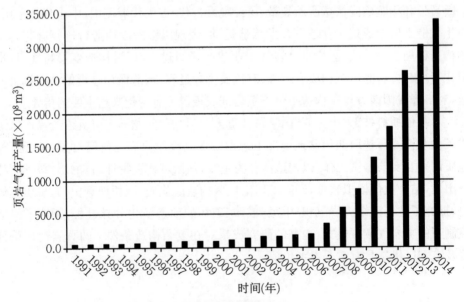

图 1-1 美国页岩气产量情况(据 EIA,2015)

随着全球能源需求问题的日益突出,页岩气越来越受到各国重视,美国能源信息管理局(EIA)在 2016 年国际能源展望(IEO,2016)和 2016 年国内能源展望(AEO,2016)中指出,全球天然气日产量预计将从 2015 年的 9.67×10^8 m³/d 增加到 2040 年的 15.68×10^8 m³/d,增长最大部分由页岩气开发贡献,页岩气日产量预计从 2015 年的 1.19×10^8 m³/d 增长到 2040 年的 4.75×10^8 m³/d(图 1-2)。预计到 2040 年,页岩气产量将占世界天然气产量的 30%。

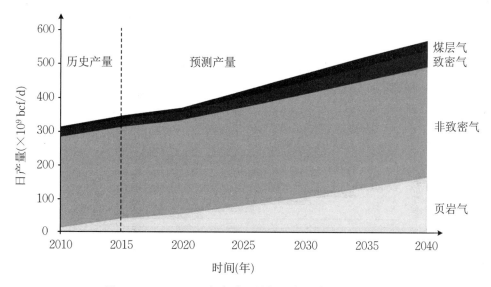

图 1-2　2010～2040 年全球天然气日产量(据 EIA,2016)

注:"bcf/d"是石油开采单位,意为"10^9 ft³/d"相当于"$2\,831.7 \times 10^4$ m³/d"

2016 年只有美国、加拿大、中国和阿根廷 4 个国家有商业页岩气生产,随着技术的革新,预测至 2040 年其他国家(主要是墨西哥和阿尔及利亚)的页岩资源可得到一定程度的开发,全球排名前 6 个国家的页岩气总产量将占全球页岩气产量的 70%(图 1-3)。2016 年美国页岩气年产量从 2015 年的 1.05×10^8 m³ 增加到 2040 年的 2.24×10^8 m³,占美国天然气年产量的 70%。中国是北美地区之外成功开发页岩气资源的国家之一,截至 2016 年,中国钻探了超过 600 口页岩气井,页岩气产量为 141.5×10^4 m³,预计到 2040 年页岩气产量将达到全国天然气总产量的 40% 以上,这将使中国成为世界第二大页岩气生产国(据 EIA,2016)。

1.1.2　页岩气国内开发现状

与美国等北美地区国家相比,中国页岩气研究起步较晚。自 20 世纪 60 年代起,不断在松辽、渤海湾、四川、鄂尔多斯、柴达木等几乎所有陆上含油气盆地中都发现了页岩气或泥页岩裂缝性油气藏,典型代表有 1996 年在四川盆地威远古隆起上钻探的威 5 井,在古生界寒武系筇竹寺组海相页岩中获得 $2.46×10^4$ m^3/d 的产量。1994～1998 年,中国还专门针对泥、页岩裂缝性油气藏做过大量工作,此后许多学者也在不同含油气盆地探索过页岩气形成与富集的可能性(邹才能等,2011;聂海宽等,2011)。

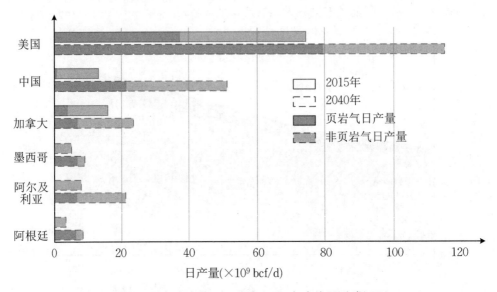

图 1-3　主要天然气生产国 2015 年与 2040 年产能预测(据 EIA,2016)

2000～2005 年,中国广大石油地质学者再次关注北美在富有机质页岩中勘探开发天然气的新成就(张金川等,2003,2004;胡琳等,2010;朱炎铭等,2010;邹才能等,2011;凡元芳,2016),并从 2005 年开始把视角投向中国本土,研究中国页岩气形成与富集的地质条件,调查页岩气资源潜力,探索中国页岩气的发展前景(李玉喜等,2011;聂海宽等,2011;陈尚斌等,2018);2012 年 11 月,焦页 1HF 井在龙马溪组压裂成功试产获最高 $20.3×10^4$ m^3/d 的产量,测试稳定产量为 $11×10^4$ m^3/d,随后在焦石坝构造多口井连续试获高产工业气流;截至 2016 年底,全国页岩气产量达到 $78×10^8$ m^3,2012～2016 年页岩气累计产量达 $134×10^8$ m^3,其中中国石油化工集团有限公司 2016 年页岩气产量约 $50×10^8$ m^3,中国石油天然气集团有限公司 2016 年产量约 $28×10^8$ m^3。归纳起来,中国页岩气勘探开发历史暂可划分为泥页岩裂缝性油气藏勘探开发、页岩气地质条件研究与关键开发技术储备、勘探评价突破与开发先导性试验、成功实现页岩气工业开发等过程,其里程碑事件总结于表 1-1 中。

表 1-1　中国页岩气发展里程碑(据刘鹏,2017)

时　　间	重要事件
1966 年 9 月	第一口页岩气发现井:威 5 井 产层:四川威远寒武系筇竹寺组 产量:2.46×10⁴ m³/d
2008 年 11 月	第一口页岩气地质全取芯浅井:长芯 1 井 地层:四川川南志留系龙马溪组 井深:154.6 m
2010 年 4 月	第一口页岩气勘探评价井:威 201 井 井深:2 840 m,寒武系底 2 819.6 m,志留系底 1 547 m 产层:寒武系筇竹寺组、志留系龙马溪组 产量:日产(1~2)×10⁴ m³/d
2010 年 7 月	第一个数字化露头地质剖面建立:长宁双河(O-S) 地层:四川盆地长宁奥陶系-志留系 剖面长度:2 000 m
2012 年 9 月,压裂 时间:2012 年 11 月	第一口海相页岩气参数井(焦页 1HF 井)井深:3 564 m 产层:奥陶系五峰组、志留系龙马溪组 产量:日产 6.2×10⁴ m³/d

进一步系统调研和分析中国页岩气研究的现状,认为中国页岩气的研究主要在以下方面取得了阶段性成果:

1. 中国页岩气资源潜力巨大

国际上的相关机构对中国页岩气地质资源量及可采资源量进行了概略评估,结果表明中国页岩气资源十分丰富,勘探和开发意义重大(表 1-2)。EIA 2013 年评估结果表明,中国页岩气地质资源量为 134.40×10^{12} m³,可采资源量为 31.57×10^{12} m³;其中海相页岩气地质资源量为 93.60×10^{12} m³,可采资源量为 23.12×10^{12} m³;海陆交互相页岩气地质资源量为 21.64×10^{12} m³,可采资源量为 6.54×10^{12} m³;陆相页岩气地质资源量为 19.16×10^{12} m³,可采资源量为 1.91×10^{12} m³。

随着对中国页岩气地质特征研究的深入,包括国土资源部、中国工程院、中国石油勘探开发研究院及中国石化勘探开发研究院在内的多个机构也对中国的页岩气资源量进行了评估:其中,中国石油勘探开发研究院计算结果认为中国页岩气地质资源量为 80.45×10^{12} m³,可采资源量为 12.85×10^{12} m³,包括海相页岩气地质资源量 44.10×10^{12} m³(可采资源量为 8.82×10^{12} m³);海陆交互相页岩气地质资源量 19.79×10^{12} m³(可采资源量为 3.48×10^{12} m³);陆相页岩气地质资源量 16.56×10^{12} m³(可采资源量为 0.55×10^{12} m³)。中国石化勘探开发研究院 2015

年估算中国页岩气可采资源量为 18.60×10^{12} m³，认为中国页岩气具有巨大的勘探开发潜力(EIA,2011,2013;Zagorski et al.,2012;Zeng et al.,2013;邹才能等,2014,2015,2016;董大忠等,2016)。

表 1-2 中国页岩气资源量预测结果

机构	评价时间 (年)	资源类型	海相资源量 ($\times 10^{12}$ m³)	海陆交互相 资源量 ($\times 10^{12}$ m³)	陆相资源量 ($\times 10^{12}$ m³)	合计 ($\times 10^{12}$ m³)
美国能源信息署 (EIA)	2011	地质资源量	144.5	/	/	144.50
		可采资源量	36.10	/	/	36.10
	2013	地质资源量	93.60	21.64	19.16	134.40
		可采资源量	23.12	6.54	1.91	31.57
中国国土资源部	2012	地质资源量	59.08	40.08	35.26	134.42
		可采资源量	8.19	8.97	7.92	25.08
中国工程院	2012	可采资源量	8.80	2.20	0.50	11.50
中国石油勘探 开发研究院	2014	地质资源量	44.10	19.79	16.56	80.45
		可采资源量	8.82	3.48	0.55	12.85
中国石化勘探 开发研究院	2015	可采资源量	18.60	18.60		

2. 中国页岩气的成藏机理

对中国页岩气地质条件、成藏机理和富集规律的研究始于对美国页岩气基础理论及勘探开发实践技术的研究,之后将美国五套页岩烃源岩、储层及页岩气等特征与中国地质条件进行对比分析,研究页岩气的成藏机理(Curtis,2002;Chen et al.,2011;Guo et al.,2015,2016;Li et al.,2016;梁峰等,2016;郭彤楼,2016)、成藏条件(聂海宽等,2011;郭彤楼等,2014)及主要成藏要素(朱炎铭等,2010;谷志东等,2015;Liu et al.,2016;Liu et al.,2016;刘树根等,2016),为选区评估和资源量估算等工作奠定了较好的基础;也进行了与常规天然气、致密砂岩气、深盆气及根缘气等类型气藏的成藏特征及机理的对比研究(Richardsom et al.,2008;Yan et al.,2009;Wang et al.,2016;周帅等,2016)。与此同时,经过一系列成功或失败的页岩气勘探案例,许多学者逐步展开了对适合中国地质特征的页岩气成藏机理与富集规律的研究工作(聂海宽等,2011;邹才能等,2014,2015,2016),并取得了对复杂地质条件下的页岩气成藏机理的基本认识。翟刚毅等(2017)提出中国应将深水陆棚相富有机质优质页岩作为开发有利层段,因构造抬升时间和构造样式耦合可控制页岩气的富集。

蒋裕强等(2010)在大量调研资料的研究基础上,认为页岩气储层研究内容包

括有机质丰度、热成熟度、含气性、厚度、储层物性、矿物组成、脆性和力学性质等8
个方面。于炳松(2012)探讨了页岩气储层的评价内容,认为其除了与常规储层相
同的储层岩石学特征和物性特征外,还应考虑其吸附天然气的能力及其压裂改造
的难易程度,即应包括储层岩石组成特征与空间分布、储层孔渗特征、储集空间特
征、储层含气性和储层岩石力学性质等。胡昌蓬(2012)等研究了页岩气储层的评
价优选包括成藏控制因素:总有机碳含量、储层厚度、有机质成熟度、矿物组成、温
度、压力、孔渗参数等;后期储层改造因素:埋深、裂缝、岩石力学性质等(Manager
et al.,1991)。中国页岩气成藏、地质情况与美国略有不同,在页岩气储层优选上
可以借鉴但不能照搬美国模式(邹才能等,2011,2012)。

页岩气作为自生自储的非常规天然气资源,研究其成藏机理的基础是对页岩
储层特征的研究。众多学者从有机地球化学特征、矿物岩石学特征、孔渗及孔裂隙
结构特征等方面对中国南方龙马溪组海相页岩储层展开研究(Liu et al.,2011;
Chen et al.,2011;Liu,Zhu et al.,2016;Liu et al.,2016;刘树根等,2011;陈尚斌
等,2013,2015,2016;梁峰等,2015;邹才能等,2016;付常青等,2016),表明储层以
厚度大(20~500 m)、有机碳含量高(平均大于 2.0%)、热演化程度高(>1.5%)、
脆性矿物含量高(50%~70%)、普遍存在异常高压、低孔低渗为特征,有利发育层
段位于龙马溪组下段,具有良好的生烃条件及储集能力,孔渗特征为控制气藏开发
效益的关键因素。通过对成功商业化生产的焦石坝地区成藏富集模式的研究发
现,良好的生烃条件、立体的裂缝网络、有利的构造背景-保存条件与储层超压条件
为高产区页岩气田的主要特征(郭旭升等,2014;郭彤楼等,2014;陈康等,2016),对
进一步的页岩气开发具有指导意义。

3. 拓展现阶段中国页岩气研究和勘探的重点区域和方向

中国页岩气资源分布极为广泛,从盆地平面分布来看,四川盆地、鄂尔多斯盆
地、渤海湾盆地和准噶尔盆地等海相、海陆交互相及陆相三套页岩具有较好的资源
勘探前景。从垂向地层分布来看,南北两分的特点明显,南方为海相页岩而北方为
陆相及海陆交互相页岩,南方以古生界为主而北方以中新生界为主,均具有页岩气
成藏的基本地质条件和可能性(郭彤楼等,2014;周帅等,2016;邹才能等,2016;秦
勇等,2014,2016;姚海鹏,2017)。

南方古生界发育上震旦统陡山沱组页岩、下寒武统页岩(筇竹寺组为主,与之
相当的川黔鄂地区的牛蹄塘组或水井沱组、苏浙皖地区的高家边组或荷塘组、冷泉
王组等)、上奥陶统(五峰组)页岩、下志留统(龙马溪组)页岩等多套海相黑色富有
机质页岩,且早期常规油气勘探中上述海相页岩地层中许多地方发现气藏或气测
显示良好。

北方晚古生代-中生代发育的众多海陆交互相及陆相泥页岩,如沁水盆地石炭

-二叠纪煤系泥页岩、鄂尔多斯盆地石炭-二叠纪煤系泥页岩及上三叠统延长组、准格尔盆地二叠纪泥页岩、松辽盆地下白垩统的青山口组黑色泥岩、渤海湾盆地古近系沙河街组沙三段底部泥页岩,泥页岩地层均广泛发育,部分地区已被勘探实践证实为大型盆地中的优质烃源岩(刘树根等,2011;梁峰等,2016)。

对海相页岩气勘探开发的研究,主要集中在南方下古生界页岩,其中中上扬子地区下寒武统筇竹寺组(牛蹄塘组)、下志留统龙马溪组等层系具有优越的页岩气成藏地质条件和丰富的页岩气资源(刘树根等,2011;陈尚斌等,2018;陈康等,2016;李建忠等,2012,2015)。聂海宽等(2012)、马文辛等(2012)依据四川盆地早期常规油气勘探过程中所取得的地质资料及第一口页岩气井(长芯1井)的样品分析结果,认为页岩气勘探的首选层系应为川南下志留统页岩。陈尚斌等(2011)、聂海宽等(2011)、郭岭等(2011)、于炳松(2012)、薛华庆等(2013)先后从页岩气储层物性角度对南方海相页岩地层进行了评价。迄今为止,已经基本明确南方地区五峰组-龙马溪组为一套页岩气资源量非常丰富的层系,具有普遍含气、大面积富集高产的特征(Zhou et al.,2014;刘树根等,2011;梁兴等,2011;何金先等,2011a,2011b;胡琳等,2012;韩双彪等,2013;郭彤楼等,2014)。"十二五"期间,国家能源局先后在四川盆地、滇黔地区和鄂尔多斯盆地设立了4个页岩气开发示范区,并在重庆涪陵、四川长宁-威远地区获得了较高的页岩气产能。"十三五"期间,国家能源局对中国海相、海陆交互相及陆相页岩气研究继续加大投入,取得了技术性突破,进一步形成了多个页岩气商业化建产区。

1.1.3　构造对页岩气藏的控制研究现状

中国分布着扬子、华北和塔里木3个交互影响的板块,它们的共同作用决定了中国不同时期沉积盆地及其中页岩的沉积,后期的构造变动决定了页岩现今的宏观分布(唐大卿,2009;朱炎铭等,2010;张岳桥等,2011;金文正等,2012;郭彤楼等,2013;张涛等,2013)。

中国所处构造板块决定了其经历的多期构造演化阶段,因而具有构造作用复杂的特点,构造对中国页岩层系的控制作用不可忽略(刘树根等,2008;石红才等,2014)。志留系龙马溪组页岩层系先后经历了加里东期、海西期、印支期、燕山期及喜马拉雅期等构造运动的叠加改造,表现为多期次埋藏-抬升、剥蚀和变形;尤其是在燕山晚期,页岩层系达到最大埋深,并大量生气,此后的褶皱、断裂作用导致原本连续分布的页岩层系被分割、抬升(郭彤楼等,2014;王适择,2014;聂海宽等,2015;邹才能等,2015);四川盆地东南部龙马溪组页岩早期在盆地内外连续分布,被改造后形成盆地内的高陡构造区和盆地外的大量剥蚀区(谷志东等,2015;郭彤楼等,2014,2016;邹才能等,2015,2016;纪文明等,2016;陈彦虎等,2018)。

1.1.3.1　构造对源岩及生烃过程的控制

在页岩源岩方面,古沉积构造背景控制着页岩源岩的沉积-演化特征,与页岩沉积厚度、展布范围以及有机质类型演化密切相关,直接影响了页岩气生成的物质基础。构造活动微弱的海相沉积环境更利于富有机质泥页岩的发育,有机碳含量高(蔡周荣等,2013;尹宏伟等,2016;付景龙等,2016)。在页岩气生成方面,岩浆活动等构造热事件影响页岩气的生成及有机质的热演化过程;构造活动主要是通过影响页岩埋深来控制泥页岩有机质的受热温度,进而影响有机质的成熟生烃过程的,构造活动也将影响泥页岩的成岩作用,进而对页岩气的生成产生影响。

1.1.3.2　构造对储层特征的改造

构造对页岩气的控制作用可以通过对储层孔缝的改造作用来实现,因此,不同构造发育区域页岩储层孔缝的变化特征,可以有效地表征页岩气在地质历史过程中受到的构造控制作用的强弱程度。页岩气藏属自生自储式气藏,具有富含有机质、富含黏土矿物、矿物粒度细小、孔隙度和渗透率极低、纳米级的孔喉结构、矿物表面积巨大、成岩改造复杂、天然气吸附赋存比例大等特征(李恒超等,2015;腾格尔等,2017;孙博等,2018)。页岩储层特征的特殊性决定了其评价方法、测试手段等与对常规油气储层的研究方法的不同,因此对页岩气储层的研究需要从多方面综合考虑(Curtis,2002;Martini et al.,2003;Bowker et al.,2007;Ross et al.,2009;汪吉林等,2013,2015;佘晓宇等,2016;尉鹏飞等,2016)。

吴礼明等(2011)研究了储层裂缝与构造作用之间的关系,最终将裂缝有利区划分为3类:一类裂缝有利区多位于大型断裂发育区域和背斜的轴部;二类裂缝有利区多处于某些次级断裂附近和向斜的轴部;三类裂缝有利区发育带多处于背斜和向斜的两翼以及某些构造变形较弱的小型向斜和背斜附近。

1.1.3.3　构造对气藏调整阶段的控制

近几年,学者们通过对中国南方地区页岩气保存条件的研究,逐渐建立了一系列评价页岩气保存条件的指标。王红岩(2005)、聂海宽等(2012,2016)主要以物质基础、构造性质、盖层性质、地层水条件、天然气组分和压力系数等指标分析了四川盆地及其周缘下古生界页岩气的保存条件;蔡周荣等(2013)主要通过区域构造变形特征和后期构造活动性质分析了下扬子区古生界页岩气的保存潜力;潘仁芳等(2014)主要从盖层封闭性、断裂和抬升剥蚀作用影响等因素分析了桂中坳陷上古生界页岩气的保存条件;胡东风等(2014)主要以构造样式、断层和压力系数这几个指标分析了四川盆地东南缘海相页岩气的保存条件。由此可见,构造活动是影响页岩气保存的主要条件,也是中国南方高演化页岩层系富集高产的重要控制因素,其控制作用分述如下:

1. 抬升剥蚀与页岩气保存

抬升剥蚀造成页岩气层段以上岩层厚度减少,甚至使页岩气层段出露地表,上覆压力减小继而打破原有的平衡,在构造应力、孔隙流体压力的作用下,闭合的裂缝重新开启,页岩气渗流散失。另外,因剥蚀造成页岩孔隙负荷减小而反弹,孔隙度增大,同时天然气扩散速率增大。Krooss 等(1988)研究发现,甲烷在岩石中的扩散系数随孔隙度增大而增大;Schloemer 等(2004)采用时滞法测定不同压力条件下岩石中甲烷的扩散系数发现,随着压力的增大,甲烷的扩散系数也呈对数减小的趋势。因而抬升剥蚀会导致页岩气扩散加快,对页岩气保存不利。如四川盆地东南缘地区在多旋回构造改造过程中,整个海相构造层形变较强,剥蚀量相对较大,基本大于 4 500 m,很多地方的海相页岩气勘探目的层出露甚至背斜核部大量剥蚀。抬升剥蚀使页岩气层段、顶板或上覆盖层的连续性受到破坏,页岩气沿着页理面或层间缝侧向散失,保存条件遭到破坏。但局部向斜区残留三叠系-侏罗系的上覆盖层相对完整,页岩气层段埋藏地下,经过若干距离后才暴露地表,保存条件会随这个距离的增加而相对变好,延伸到向斜核部的为最好。

2. 断层、裂缝与页岩气保存

断裂和裂缝对页岩气聚集具有双重作用,是一把双刃剑,其发育程度和规模是影响页岩含气量和页岩气聚集的主要因素,其决定了页岩渗透率的大小,控制了页岩的连通程度,继而控制了气体的流动速度和气藏的产能。裂缝还决定了页岩气藏的保存条件:裂缝比较发育的地区,页岩气藏的保存条件可能较差,天然气易散失、难聚集、难形成甚至不能形成页岩气藏;反之,则有利于页岩气藏的形成。通常,区域性大断裂由于多期次、长时间的活动,微裂缝比较发育,且存在大气水下渗的影响,导致其附近区域的页岩气保存条件较差。如在福特沃斯盆地 Barnett 页岩气藏中裂缝非常发育的区域,天然气的生产速度最低,高产井基本上都分布在裂缝不发育的地方(Bowker et al. ,2007)。聂海宽等(2012)认为,综合考虑裂缝的性质和对页岩气聚集的控制作用,可按裂缝发育规模将其分为巨型裂缝、大型裂缝、中型裂缝、小型裂缝和微型裂缝 5 类,不同规模的裂缝对页岩气的保存控制作用不同。

3. 构造样式与页岩气保存

不同期次、不同强度构造运动造成的地层褶皱变形、破裂程度、剥蚀程度不同,形成了不同的构造样式,不同的构造样式因横向渗流和扩散作用的差异也造成保存条件不同。构造改造弱的构造样式对页岩气保存最为有利,而构造改造强的构造样式对页岩气保存不利。页岩气层段遭受构造断裂作用或是距离露头区不远，其横向渗流及扩散作用对页岩气的保存将产生不利的影响。郭彤楼等(2013)、胡东风等(2014)认为，以下构造样式对页岩气的保存较为有效：① 具有背斜背景、宽缓的构造样式；② 不发育或发育封闭性的断层，或被断层封挡的下盘；③ 离露头区或地层缺失区较远。而埋藏浅和处于断裂带(断层通天，开启性强)的构造样式对保存条件同样不利。

对中国南方海相页岩气不同构造部位的页岩气井产量调查的结果表明页岩气钻探的成功与失利与差异性成藏-隆升剥蚀-构造变形作用具有一定的相关性(表1-3)，这反映出在盆内及盆缘弱至中等变形强度下，储层多处于超压状态，页岩气钻井普遍能取得较高页岩气日产量；在盆外的强构造变形区，储层多处于常压或欠压状态，往往不能获得工业化页岩气产能或产能无法持续(图1-4)(Hu et al.，2013；Zhu et al.，2015；Li，Wang et al.，2016；沈礼，2012；蔡申阳等，2016)。

表 1-3　四川盆地及周缘构造特征和页岩气产能对比表

区带	典型钻井	页岩气产层	压力系数	产量 ($\times 10^4$ m³/d)	埋深(m)	构造变形强度
盆内	威 201	$S_1 l - \in_1 n$	0.92	1.2	2000	弱变形
	阳 101	$S_1 l$	2.25	5.8	3500	弱变形
盆缘	宁 203	$S_1 l$	2.0	1.7	3000	中等变形
	焦页 1	$S_1 l$	1.55	6.0	2300	中等变形
	南页 1	$S_1 l$	1.2	0.5	4500	强变形
盆外	彭 1	$S_1 l$	0.9	2.5(无稳产)	3400	强变形
	河页 1	$S_1 l$	—	0.2	2500	强变形
	湘 1	$P_2 d$	—	0.2	1000	强变形
	黄页 1	$\in_1 n$	—	0.2	1000	强变形
	昭页 1	$S_1 l$	0.8	—	2000	强变形

注：数据引自刘树根等，2008，2013；邓宾等，2009；梅廉夫等，2010；郭彤楼等，2013；郭旭升等，2014；石红才等，2014。

4. 构造改造时间与页岩气保存

地层抬升剥蚀后，烃源岩生烃作用停止，页岩气在后期保存中得不到有效的天然气补充，而散失却持续进行，抬升时间的早晚可能决定了散失量的大小，抬升时间越晚越有利于页岩气的保存。就南方志留系而言，燕山-喜马拉雅期构造活动对各地区的改造时间及页岩气的保存具有非常大的影响，燕山-喜马拉雅期抬升剥蚀作用开始得越早，对页岩气后期的保存越不利。梅廉夫等(2010)研究发现，湘鄂西向川东华蓥山呈递变式构造变形，湘鄂西、彭水、石柱、焦石坝地区构造抬升时间依次变晚,从目前的页岩气勘探情况看,湘鄂西地区下古生界的勘探并不顺利,而焦石坝地区则已经获得商业化开发。因此,构造抬升开始时间对页岩气的保存也有控制作用。

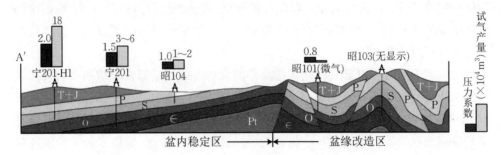

图1-4　四川盆地不同构造区域页岩气探井效果(据郭旭升等,2014)

5. 膏盐层与页岩气保存

以膏盐层为代表的滑脱层的分布、深度等条件对构造变形样式的发育及变形前锋的传播有重要的控制作用(朱臻等,2015;聂海宽等,2016)。如位于华蓥山断裂带与齐岳山断裂带之间的川东滑脱褶皱区,滑脱层主要位于寒武系膏盐层和下中三叠统膏盐层,这使得志留系泥页岩保存良好,有利于页岩气成藏;反之,湘鄂西一带的主要滑脱层为上奥陶统-下志留统膏盐层,这导致页岩气藏易被破坏。另一方面,膏盐层的存在,为下部地层形成异常压力提供了良好的条件,同时也为下部地层油气的聚集和保存起到了良好的封盖作用。

裂缝、构造类型、含气量及页岩气运移等对页岩气高产富集的影响都具有不确定性,众多学者对此进行了研究(Hill et al.,2000;Curtis,2002;Gale et al.,2010;Guo et al.,2015;郭旭升等,2012;邓宾等,2013;石红才等,2014;李恒超等,2015;刘树根等,2016;王濡岳等,2016)。李恒超(2017)研究了上扬子地区龙马溪组不同构造部位页岩样品后认为,构造相对稳定地带的页岩孔体积明显大于构造活动带页岩;同构造活动带页岩相比,稳定带页岩具有更高的BET比表面积,更高的介孔和大孔体积,但微孔体积差异较小。这表明构造挤压对介孔和大孔的破坏作用较大,而对微孔影响较小。解习农等(2017)认为南方页岩气富集演化具"二高""三复杂"的特点(古温度高、热演化程度高,温压演化复杂、页岩气赋存方式及保存条件复杂),并提出了页岩岩相表征和优选技术、多尺度储集空间全息表征技术以及海相页岩复杂演化改造过程表征技术。

1.2　川南地区页岩气研究现状

此前对川南地区油气成藏的研究更多的是基于常规油气基础上的。在对常规油气资源的研究中,烃源岩是最主要的研究内容,因而南方烃源岩得到了广泛而深入的研究(翟光明,1989;刘若冰等,2015;梁狄刚等,2008)。页岩气研究兴起之后,不同学者从页岩气成藏要素角度(何建华等,2015),对南方四川盆地及其邻区烃源岩,特别是下寒武统筇竹寺组和下志留统龙马溪组做了更深入的研究(马文辛等,2012;谢克昌等,2014;聂海宽等,2012,2016),川南地区下志留统龙马溪组页岩气具有多次生烃、多期成藏的特点。陈尚斌等(2012,2017)认为四川盆地及其邻区富有机质暗色泥页岩分布广、层系多、单层厚度大;有机质丰度高,为腐泥型干酪根;海相及海陆交互相且均有发育;经历多期构造旋回演化,有机质热演化程度高。同时,有研究认为四川盆地构造形态特征为受寒武系和二叠系膏盐层控制的川东滑脱褶皱区,地层变形较弱,构造稳定,构造运动对盆地的改造是影响页岩气后期保存和勘探优势区形成的关键因素(刘树根等,2016;朱臻,2016;王玉满等,2017)。

前人对川南地区页岩气特征进行了一系列研究。黄金亮等(2012)研究了川南地区龙马溪组页岩气形成条件,对川南地区页岩气选区进行了评估;Chen等(2017)的研究指出川南龙马溪组具有适合页岩气积聚的条件,资源潜力巨大;李贤庆等(2015)、纪文明等(2016)分析了川南地区下古生界页岩储层孔隙结构特征,确定了页岩气赋存与孔隙结构密切相关;金之钧等(2016)分析了五峰组-龙马溪组页岩气的富集条件,指出了页岩气富集与高产的控制因素;何治亮等(2017)提出了沉积建造-构造改造的页岩气评价模式。唐永等(2018)基于构造行迹及定年分析,认为川南地区龙马溪组页岩气成藏受到多期构造联合作用的影响:燕山晚期NW向挤压应力作用使得研究区褶皱变形;渐新世晚期以来的构造活动,导致研究区大范围隆升剥蚀,断层出露地表,这影响了页岩气的保存条件。

川南地区从2006年开始进行页岩气勘探的评价选区工作;2009年开始实施水平井钻井和体积压裂先导试验;2014年开始建设长宁-威远国家级页岩气示范区;2016年生产页岩气 28×10^8 m³。该区域具有构造整体稳定、保存条件好、资源落实程度高的特征,是中国页岩气资源最丰富、开发远景最现实的区块之一(马新华等,2017,2018)。历经十余年的不懈探索和持续攻关,人们对川南地区页岩气资源的认识不断提高。进一步研究页岩气成藏的地质条件,发现区内页岩气储层物性差异较小,但不同构造部位页岩气井产量差异较大,页岩气试采日产气量最高为

22.81×10^4 m³,最低为 3.57×10^4 m³(表 1-4),两者相差可达 6.4 倍,显示构造作用与川南地区页岩气井的产能密切相关。刘若冰(2015)对威远地区页岩气储层超压特征与构造演化进行了研究,认为燕山晚期构造稳定区储层超压得以保存,而盆缘及盆外构造改造强烈的区域超压逐步遭到破坏,储层孔隙明显小于构造稳定区;下志留统龙马溪组一段是四川盆地东南部页岩气勘探开发的目标层系之一(龙胜祥等,2017)。侯华星等(2017)、曾庆才等(2018)利用地震手段结合模糊优化定量预测,并将预测结果与测试产量挂钩,逐步实现了页岩气储集层优选区的定量预测。

表 1-4　威远××井 H2 平台水平井测试成果(据中石油资料)

井号	水平段钻遇地层厚度 (m)	测试产量 ($\times 10^4$ m³)	试采日产 ($\times 10^4$ m³)
H2-1	1 582	3.4	3.57
H2-2	1 769	5.3	6.42
H2-3	1 936	3.6	3.77
H2-4	2 107	28.8	22.81
H2-5	2 064	20	13.85
H2-6	2 036	6.4	5.19

2 研究区地质背景

扬子地块可划分为上扬子地块、中扬子地块和雪峰山基底拆离造山带 3 个二级构造单元。研究区所在的四川盆地，可进一步划分为 12 个三级构造单元，分别为川东高陡褶皱带（III_1）、川南低陡褶皱带（III_2）、川中平缓褶皱带（III_3）、川西南低陡褶皱带（III_4）、川西凹陷带（III_5）、龙门山冲断褶皱带（III_6）、米仓山台缘凸起（III_7）、大巴山冲断褶皱带（III_8）、八面山断褶带（III_9）、娄山断褶带（III_{10}）、峨眉山-凉山断裂带（III_{11}）、西昌凹陷（III_{12}）（四川石油志，1989；翟光明，1989；四川省区域地质志，1991；刘建华等，2005；蒲泊伶等，2014）（图 2-1）。特殊的大地构造位置决定了其必然受到特提斯构造域和滨太平洋构造域的共同作用，现今不同方向线形构造的排列和多种构造形迹的展布在川南地区尤为明显。

2.1 研究区地质概况

川南地区是四川盆地东南部的简称，区域主要包括宜宾、泸州、自贡、乐山等城市，还包括贵州省西北部，重庆市西南部和云南省东北部，位于北纬 $27°39'24''$～$28°40'21''$ 与东经 $103°51'41''$～$106°23'45''$ 之间。

2.1.1 构造特征

四川盆地南部地区主体位于川南低陡褶皱带（III_2）内，东部边界为齐岳山断裂带，西部边界为华蓥山断裂，区内褶皱构造以直线状或弧形褶皱成带展布，背斜紧凑，向斜宽缓，走向逆断层比较发育（图 2-2）；平面上呈典型三角形构造格局，弧形褶皱带由中心向南部区域延伸，向北部区域逐渐汇拢，构成边界清楚、总体协调统一的次级构造单元。

1. 褶皱构造

按地表构造形迹方向特征，可将研究区褶皱构造分为 3 类：EW 向构造带、SN

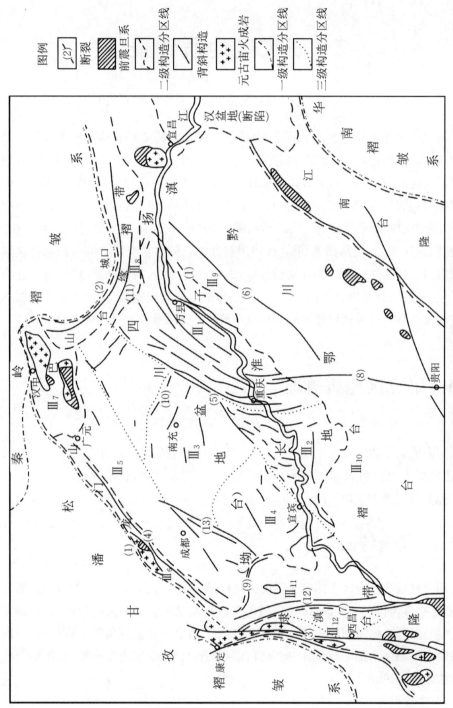

图2-1 四川盆地大地构造位置(据四川石油志,1989)

图例：断裂 前震旦系 二级构造分区线 背斜构造 元古宙火成岩 一级构造分区线 三级构造分区线

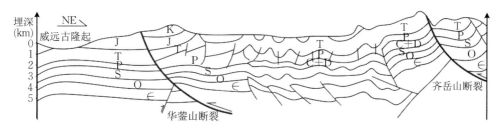

图 2-2　川南地区构造剖面图

向构造带、NE 向构造带。

EW 向构造带主要包括长垣坝背斜、纳溪背斜和珙县背斜,该构造带为 EW 向呈串珠状展布,主轴线西端常向 S 偏移,呈 SWW 向,以低陡、低缓构造类型为主,向斜两翼倾向分别为 SE、SW 向,地层倾角较小,通常为 10°～20°。

SN 向构造带主要由阳高寺背斜、临峰场背斜、梁董庙背斜、石龙峡背斜、中梁山背斜、官渡背斜以及六合场背斜构成,该构造带为 SN 向呈西突弧形展布,两端向 E 偏移,北部为高低陡背斜,南部为低平缓背斜,背斜带规模、强度、幅度呈北强南弱,中部向西突起呈弧形端,强度较大;同时具有西陡东缓的特点,地下高点偏向缓翼,北部偏向 NW 向,中部偏向 N、NE 或 E。

NE 向构造带主要包括宋家场背斜、贾村背斜、桐梓园背斜、古佛山背斜、九奎山背斜、西山背斜、白节滩背斜、东山背斜、黄瓜山背斜和坛子坝背斜,该构造带主体展布方向为 NE 向,构造以雁行状、弧形、"S"形展布,以高尖、高陡、低陡背斜为主,背斜向东南延伸,向 S 偏转呈帚状,褶皱规模、强度、幅度由弱变强;呈弧形,具压扭性,地下高点在同一背斜上偏移部位随背斜延伸而不同。

2. 断裂构造

研究区断裂构造包括华蓥山深大断裂、齐岳山隐伏基底断裂、古蔺断裂以及东南部发育的古蔺北逆冲断裂等中小规模伴生断裂。华蓥山断裂与齐岳山断裂走向近似平行,分别构成研究区的东、西部边界断层;西南边界为古蔺断裂,断层走向为 NW 向。

华蓥山断裂带是扬子地块内部的一条重要的基底边界断裂,走向为 NE 至 NNE 向,断裂两侧盖层褶皱方向和样式截然不同。航磁资料显示,断裂带南西延伸进入南部断褶带,终止在南北向的小江断裂带上,向北东延伸隐伏于大巴山前陆构造带之下。从褶皱构造样式特征推断,该断裂带以挤压逆冲为主,兼有右旋走滑分量,经历多期次的构造活动,主要活动时期在中晚侏罗世,并在白垩纪、新生代时期有不同程度的走滑活动。

齐岳山隐伏断裂带呈 NE 向长条形分布,跨鄂、渝、黔三省。全长大于 350 km,是四川盆地与鄂渝黔台褶带的分界线。齐岳山断裂北部和南部为北东向,中部地区向南东凹进。在该断裂带南东侧古生代地层广泛出露,并出现少量震旦系地层,研究区位于该断裂带北西侧,主要为中生代地层分布区,具有典型的隔挡式褶皱。该断裂带类似于华蓥山断裂带,主要表现为隐伏断裂带,现今地表并没有明显的地层重复或缺失,但是其次级断层在地表断续出露(图2-3)。

古蔺断裂是研究区的南部边界,从宜宾南经兴文至古蔺地区,与齐岳山断裂体系斜交,逆断层、断层走向为 NW 向,断层区域地层主要为三叠纪及下侏罗统地层,断层倾向为 SW 向,断层北部出露下古生界部分地层。在古蔺断裂与齐岳山断裂斜交区域,构造复杂,发育数条近东西向伴生逆断层。

川南地区地层组合条件比较相似,但由于所处区域构造位置不同,其受力差异较大,因此研究区褶皱多为低陡宽缓向背斜,断层发育较少,地层完整性较好。总体评价认为研究区构造相对简单。

2.1.2 地层特征

研究区地层发育齐全,从古生界至新生界各个时代地层均有发育,地层厚度大,岩性差异大,从泥岩、页岩、砂岩、灰岩、岩浆岩及变质岩均有发育(图2-4)。其中震旦系至三叠系主要为海相至海陆过渡相地层沉积,地层中发育多套不同的地层组合及油气地层。本次研究目的层龙马溪组,与下部五峰组或观音桥组整合接触,龙马溪组岩性为灰黑色、黑色、灰色泥页岩,下部五峰组为灰黑色硅质页岩,观音桥组为生物质灰岩薄层,局部地区发育;上部为石牛栏组或小河坝组,与下部龙马溪组为整合接触,石牛栏组为绿灰色、黄绿色、浅灰色砂岩或泥页岩。研究区内目的层厚度存在差异,主要受控于区域构造,现今地层埋深与地质历史时期的差异性抬升剥蚀作用密切相关。研究区地层详述如下。

1. 震旦系(Z)

该地层不整合于前震旦系之上;前震旦系是构成华南板块四川部分的基底地层,分上、下两部分,下部为结晶基底,上部为褶皱基底。震旦系分下统与上统,又各分两部,火山岩及火山碎屑岩建造为下统下部,冰碛碎屑岩建造为下统上部;上统下部为碎屑岩建造,上部为碳酸盐岩建造。震旦系厚 1 240~2 700 m。

2. 寒武系(∈)

该地层与下伏地层整合接触。该地层在川渝地区,寒武系为地台型建造的未变质地层,自下而上可分成 3 大套地层:下统下部梅树村阶、下统中部筇竹寺阶和沧浪铺阶,岩性以灰至灰黑色炭质泥页岩和暗色泥页岩夹硅质岩为主;下统上部龙王庙阶、中寒武统、上寒武统均为碳酸盐岩。寒武系厚 620~1 330 m。

3. 奥陶系(O)

该地层与下伏地层整合接触。该地层在全区分布广泛,均为海相沉积,在盆地

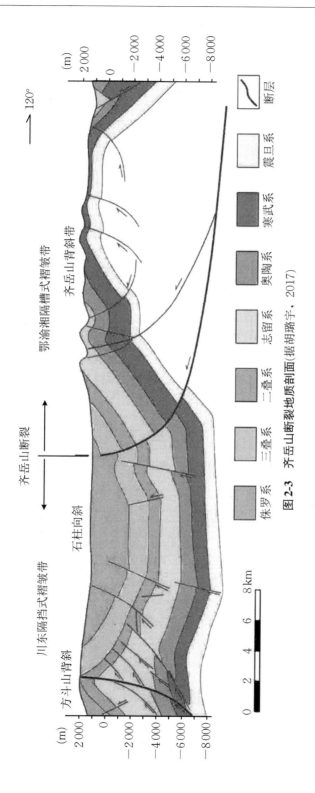

图 2-3 齐岳山断裂地质剖面(据胡璐宇, 2017)

地层系统				厚度 (m)	岩性剖面	岩性描述
界	系	统	符号			
新生界	第四系		Q	0~360	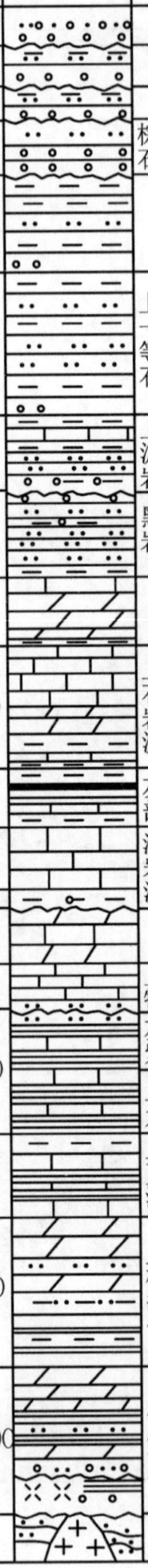	松散砾石、砂层及黏土
	新近系		N	0~550		灰色砾岩夹岩屑砂岩透镜体
	古近系		E	0~800		棕红色泥岩夹少量泥质粉砂岩，砾岩
	白垩系		K	0~1 200		棕红色砂岩、砾岩及泥质岩，局部夹碳酸盐、石膏、钙质芒硝
中生界	侏罗系	上侏罗统	J₃	850~2 000		黄灰色砂岩与棕紫色泥岩互层
		中侏罗统	J₂	100~1 300		上部为棕红色泥岩与石英粉砂岩互层，底部为一层砖红色砂岩；中部为紫红、暗紫色泥岩等厚互存，下为灰黑色页岩。富含叶肢介化石；底部为紫红色砂泥岩夹粉砂岩与砂岩
		下侏罗统	J₁	200~900		上部深灰、灰黑色页岩与灰色石英砂岩含少量泥灰岩；中部为紫红色、灰绿色页岩夹生物灰岩；底部为泥岩夹灰色石英砂岩
上古生界	三叠系	上三叠统	T₃	250~300		黑色、灰黑色页岩与厚层砂岩，砾状砂岩和砾岩间互夹薄煤层，底部为灰色泥岩夹泥灰岩
		中三叠统	T₂	230~590		石灰岩、白云岩夹泥页岩及石膏层
		下三叠统	T₁	914~1 910		上部为薄-中层石灰岩，薄-中厚层白云岩和硬石膏，夹少量的泥灰岩、鲕粒灰岩及生物灰岩；底部为暗-紫红色泥页岩，紫灰、灰绿色泥灰岩与灰-深灰色石灰岩、鲕粒灰岩间互层
	二叠系	上二叠统	P₃	200~300		灰岩深灰色生物灰岩夹泥质灰岩及硅质层，底部为深灰-灰色页岩、砂岩夹煤层
		中二叠统	P₂	200~500		深灰-白色石灰岩、生物碎屑灰岩、夹少许页岩，含泥质，底部为灰-灰黑色页岩、铝土质泥岩夹薄层灰岩及薄煤层
		下二叠统	P₁	1~24		
	石炭系		C	0~680		白云岩、角砾状白云岩夹生物灰岩
	泥盆系		D	0~3 360		上部为白云岩和钙质页岩，颗粒结构；中部为页岩与生物灰岩、泥岩互层；底部碎屑岩、生物灰岩和白云岩
下古生界	志留系	上(末)志留统	S₃,₄	360~1 400		灰绿色页岩、粉砂质页岩夹粉砂岩，底部常有紫红色页岩
		中志留统	S₂			
		下志留统	S₁			上部为灰-灰绿色页岩夹生物灰岩薄层；底部为黑色页岩，富含笔石
	奥陶系		O	320~960		上部为黄灰-灰色瘤状泥质灰岩，夹薄层钙质页岩；中部为深灰色灰岩；下部为结晶灰岩、泥质条带灰岩，有时夹泥岩
	寒武系		∈	620~1 330		上部灰、深灰色白云泥，泥质白云岩，局部含砂质及硅质；中部为白云质灰岩、白云岩；底部为黑灰色泥质粉砂岩夹页岩，最底部为黑灰色砂质页岩
元古界	震旦系	上震旦统	Z₂	1 240~2 700		上部为浅灰色白云岩，富含藻类、灰黑色炭质页岩、白云岩与硅质云岩，含锰和磷；下部为砂岩、泥岩和砾岩，有时夹凝灰岩，底部含砾岩
		下震旦统	Z₁			
	前震旦系			>3 000		一套受不同变质作用的板岩、片岩、千岩、石英岩、大理岩及火山岩，伴随花岗岩，基性岩侵入

图 2-4 四川盆地地层综合柱状图(据四川省区域地质志,1991,修改)

东部仅出露于攀西区、盆地周围和华蓥山中部,盆地内大部分地区奥陶系均深埋地腹。下部主要发育粉砂岩、生物灰岩和白云岩;中晚奥陶世海侵规模扩大,发育块状灰岩,西部发育泥质灰岩和白云岩;奥陶纪晚期海侵达到高潮,五峰组发育黑色碳质页岩和硅质层。奥陶系厚 320~960 m。

4. 志留系(S)

该地层与下伏地层整合接触。该地层在东部龙门山中南段、峨眉山和石棉、攀枝花一带大面积缺失;在四川东部出露于盆地周缘和华蓥山背斜的核部,在威远、泸州以滨海、浅海碎屑岩、碳酸盐岩为主。该地层下统为深海陆棚相富含笔石的黑色页岩;中、上统为海退沉积,浅灰、黄色页岩、砂质页岩、紫红色页岩等较为发育。志留系厚 360~1 440 m。

5. 泥盆系(D)

该地层与下伏地层整合接触。该地层在剥蚀区假整合接触。该地层在四川东部主要分布于龙门山、越西碧鸡山、二郎山及盐边;在秀山、酉阳、黔江、彭水及巫山地区,只有中上泥盆统零星分布;其余地区,大面积缺失,为一套碎屑岩、碳酸盐岩。泥盆系厚 0~3 360 m。

6. 石炭系(C)

该地层与下伏地层整合或假整合接触。该地层分布不广,除达川、盐源一带有上统分布,龙门山一带较集中外,其余大面积缺失;下统为碳酸盐岩夹少许紫红色砂、泥岩及赤铁矿,上统全为碳酸盐岩。石炭系厚 0~680 m。

7. 二叠系(P)

该地层与下伏地层整合接触。该地层在川渝黔地区分布广泛,发育良好,除"康滇古陆"区无沉积外,其余广大地区均有沉积,为海相、海陆交互相和陆相沉积。上二叠统发育由陆到海呈东西向分布,南北延伸的沉积相带,东北部地区发育开阔海台地相沉积,西南部地区发育海陆交互相沉积,同时北西向的开江-梁平海槽开始裂开,在槽内发育深水沉积。早二叠海侵初期,普遍沉积了河湖沼泽和滨海沼泽相砂、泥岩、泥灰岩,中期为浅海台地相灰岩。二叠系厚 400~800 m。

8. 三叠系(T)

该地层与下伏地层整合接触。该地层在川渝地区分布广泛,发育齐全,沉积类型多样。下统由海陆交互相、浅海相砂、泥岩、碳酸盐岩组成;中统主要为深湖相蒸发岩;上统以陆相含煤沉积为主。三叠系厚 1 394~2 800 m。

9. 侏罗系(J)

该地层与下伏地层整合接触。该地层在四川东部十分发育,层序完整,为一套河、湖相碎屑岩及泥质岩,以紫红色为主。侏罗系厚 1 150~4 200 m。

10. 白垩系(K)

该地层与下伏上侏罗统假整合接触。该地层分布在四川东部盆地区和攀西区,为陆相红色地层,分上、下两统,主要为碎屑岩及泥质岩,局部夹碳酸盐岩。白垩系厚0～1 200 m。

11. 古近系(E)和新近系(N)

该地层与下伏地层整合接触,主要分布在四川盆地区西部、南部,攀西区的盐源、西昌、会理一带以及四川西部的松潘、阿坝、木里等地区。该地层以碎屑岩沉积为主,岩性以红色砂岩、砾岩为主。古近系厚0～1 350 m。

12. 第四系(Q)

该地层与下伏地层整合接触,主要为砾石层、砂砾层、砂层、粉砂层、粉砂质黏土层、黏土层,以河流冲积相沉积为主。第四系厚0～350 m。

2.1.3 地层出露

四川盆地南部地区地层出露以中生界为主,古生界为辅,新生界零星出露(图2-5)。资料调研与野外调研表明,下志留统龙马溪组黑色页岩地层发育,与上奥陶统五峰组呈整合接触。钻井资料及邻区地面露头资料表明,本区志留系连续沉积于奥陶系五峰组页岩之上。到志留纪末,因广西运动(加里东旋回末期)使本区随同整个盆地抬升为陆遭受剥蚀。志留系上统回星哨组沉积虽有一定厚度,但后期剥蚀严重,仅在西南角长宁构造龙头一带尚存中上回星哨组地层13.4 m,其余地区该地层已被剥蚀殆尽,这致使下部韩家店组也受到不同程度的剥蚀,与上覆二叠系梁山组呈假整合接触,其残余厚度在区内变化情况见表2-1。结合地面及部分钻井资料情况,将研究区志留系地层特征分述如下:

1. 中统

韩家店组厚度24.5～524.5 m,根据岩性特征可分为3段:上段仅见于长宁、老翁场、付家庙一带,向东、向北逐渐被剥蚀殆尽,岩性以灰绿及深灰绿页岩为主,夹薄层灰质粉砂岩、灰岩。中段为碎屑岩发育段,在长恒坝构造一带以灰带绿色及深灰色页岩、灰质粉砂岩为主,夹砂质灰岩、生物灰岩。向北遭受不同程度剥蚀,岩性逐渐变为以灰色泥岩、页岩、灰岩,生物灰岩为主,夹灰质粉砂岩。下段以深灰带绿色页岩、泥岩为主,夹薄层灰岩,生物灰岩,向东至庙高寺一带则渐变为以生物灰岩、砂质灰岩为主,夹灰绿色泥岩。

2. 下统

(1) 石牛栏组

厚度378.5～459.5 m,根据岩性可分为3段:上段为灰岩发育段,在阳高寺至庙高寺合江一带以灰褐色、浅灰色生物灰岩为主,夹薄层泥、页岩及灰质粉砂岩;向南到长恒坝构造一带,则渐变为灰带绿色页岩、泥岩、灰质粉砂岩及灰岩互层。中段以灰带绿色、深灰色泥、页岩为主,夹较多灰质粉砂岩、灰岩、生物灰岩、海百合、三叶虫、腹足类等碎片化石。下段以暗绿灰色、深灰色泥、页岩为主,夹少许薄层灰质粉砂岩、灰岩、生物灰岩,含海百合、苔藓虫、腕足类化石。

(2)龙马溪组

厚度229.2～672.5 m,根据岩性特征可分为2段:上段以灰-深灰色、灰黑色泥岩为主,夹少许薄层粉砂岩、灰岩、页岩。下段上部为深灰、灰黑色页岩;下段下部为灰黑色、黑色碳质页岩,常见黄铁矿细晶粒,呈线状顺层分布,富含笔石化石,与下伏奥陶系五峰组呈整合接触。

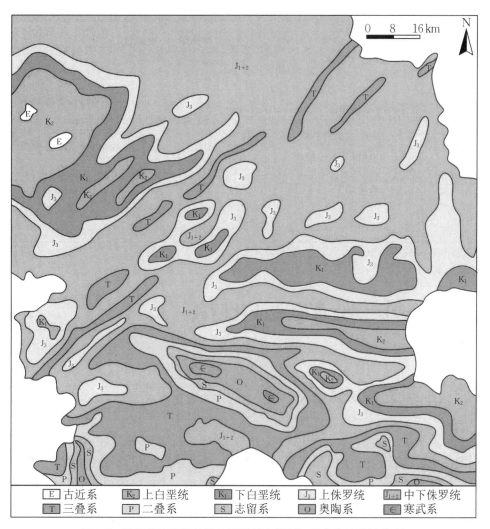

图 2-5 四川盆地南部地区地质图(据四川省、重庆市地质图修改)

表 2-1　研究区古生界地层特征简表（据四川省区域地质志，有修改）

地层			地层符号	地层厚度(m)	岩性特征	
系	统	组				
二叠系	下统	梁山组	$P_1 l$	10	灰-灰黑色页岩、铝土质泥岩夹薄层泥灰岩及薄煤层	
石炭系	中统	黄龙组	C_2	10～30	白云岩、角砾状白云岩夹生物灰岩	
志留系	中统	韩家店组	$S_2 h$	50	灰黑色灰岩、粉砂页岩夹粉砂岩，底部紫红色页岩	
	下统	小河坝组　石牛栏组	$S_1 s$	240～500	绿灰色砂岩，上部为黄绿色、灰绿色页岩夹生物灰岩薄层	深灰色泥灰岩及生物灰岩夹钙质页岩
		龙马溪组	$S_1 l$	180～750	下部为黑色页岩，富含笔石，上部为深灰色至灰绿色页岩、粉砂质页岩	
奥陶系	上统	五峰组	$O_3 w$	1～15	黑色页岩，含灰质及硅质，顶部常见泥灰岩	
		临湘组	$O_3 l$	1～15	瘤状泥质灰岩，间夹钙质页岩	
	中统	宝塔组	$O_2 b$	30～50	灰色带紫红色龟裂纹灰岩，上部常为瘤状泥质灰岩	

2.2　构造层划分及构造演化阶段

2.2.1　构造层划分原则

　　构造层是一定地区在一定的构造发展阶段中所形成的地质体的组合，它具有一定的构造形态，一定的沉积建造、岩浆建造、变质建造及相关矿产。相邻构造层以区域性不整合或假整合接触。研究构造层对了解一个地区的地壳演化和各个构造发展阶段的地壳运动性质有重要意义。

　　构造层这一特定岩层组合因沉积建造、变形变质和岩浆活动等方面的特点明显有别于上覆、下伏构造层，可以独立地区分出来。两个构造层之间通常由一个明显的角度不整合分隔。因而在分析区域构造时，准确判定某一角度不整合存在的构造意义尤为重要。构造层可以分为不同级别,如地槽构造层、地台构造层,而在它们内部又可以根据沉积间断、变形变质和岩浆侵位特征不同而分出次一级的构造层-亚构造层。同样,一个造山带也可以根据综合的地质特征,划分出几个构造层,而每一个构造层内部又可分出若干个亚构造层。一个构造层在时间上代表某一地区地壳发展历史的一个特定构造阶段;在空间上它表明某一期构造运动所涉及的范围;而其沉积建造和构造热事件的组合特征则反映构造区某一发展阶段的大地构造性质和环境。因此,正确划分川南地区构造层分布特征是重塑该地区构造演化经历的重要途径之一。

2.2.2 川南地区构造层划分

川南地区属于扬子地台四川盆地的一部分,其构造层的划分受控于四川盆地区域构造层分布特征,表现为自晋宁运动、澄江运动回返基底固结以后进入了稳定地台发展阶段。根据沉积建造类型、构造变形特征和地层接触关系,可将川南地区划分为 4 个构造层:基底构造变形层(下寒武统 TS1)、下构造变形层(中寒武统-下志留统 TS2)、中构造变形层(中志留统-中三叠统 TS3)及上构造变形层(上三叠统-新生界 TS4),分别代表了晋宁运动、桐湾运动、加里东运动和印支运动。

基底构造变形层(TS1)主要为前震旦系板溪群,由一套深变质岩,浅变质岩及岩浆岩组成,厚度从数千米至数万米不等,在上震旦统滑脱层上发育有滑脱褶皱。下构造变形层(TS2)包括寒武系与奥陶系地层,特点是在寒武系底部泥页岩滑脱层之上发育多条断层,形成叠瓦构造和双重构造以及对冲和反冲构造。中构造变形层(TS3)包括志留系、二叠系、下三叠统地层,以脆性形变为主,特征是在志留系泥页岩滑脱层之上发育多条断层切穿褶皱、断层传播褶皱以及对冲构造和反冲构造。上构造变形层(TS4)包括中三叠统至新生界全部地层,主要以弹性形变为主,在嘉陵江组膏岩层滑脱层之上发育突破断层(图 2-6)。

2.2.3 区域构造演化阶段

四川盆地是一个特提斯构造域内(扬子地台内)长期发育、不断演化的克拉通盆地与陆相前陆盆地叠合而成的复杂叠合盆地(曹树恒,1988;袁建新,1996;刘树根等,2004;魏民生,2017),沉积与构造演化受特提斯构造域和太平洋构造域影响显著。大致分为两大演化阶段:震旦纪至中三叠世克拉通盆地,晚三叠世以来的前陆盆地。前者可进一步划分两个阶段:早古生代及以前的克拉通内坳陷阶段,晚古生代以后的克拉通裂陷盆地阶段(张鹏飞,2009;曹环宇等,2015;尹宏伟等,2016)(图 2-7)。克

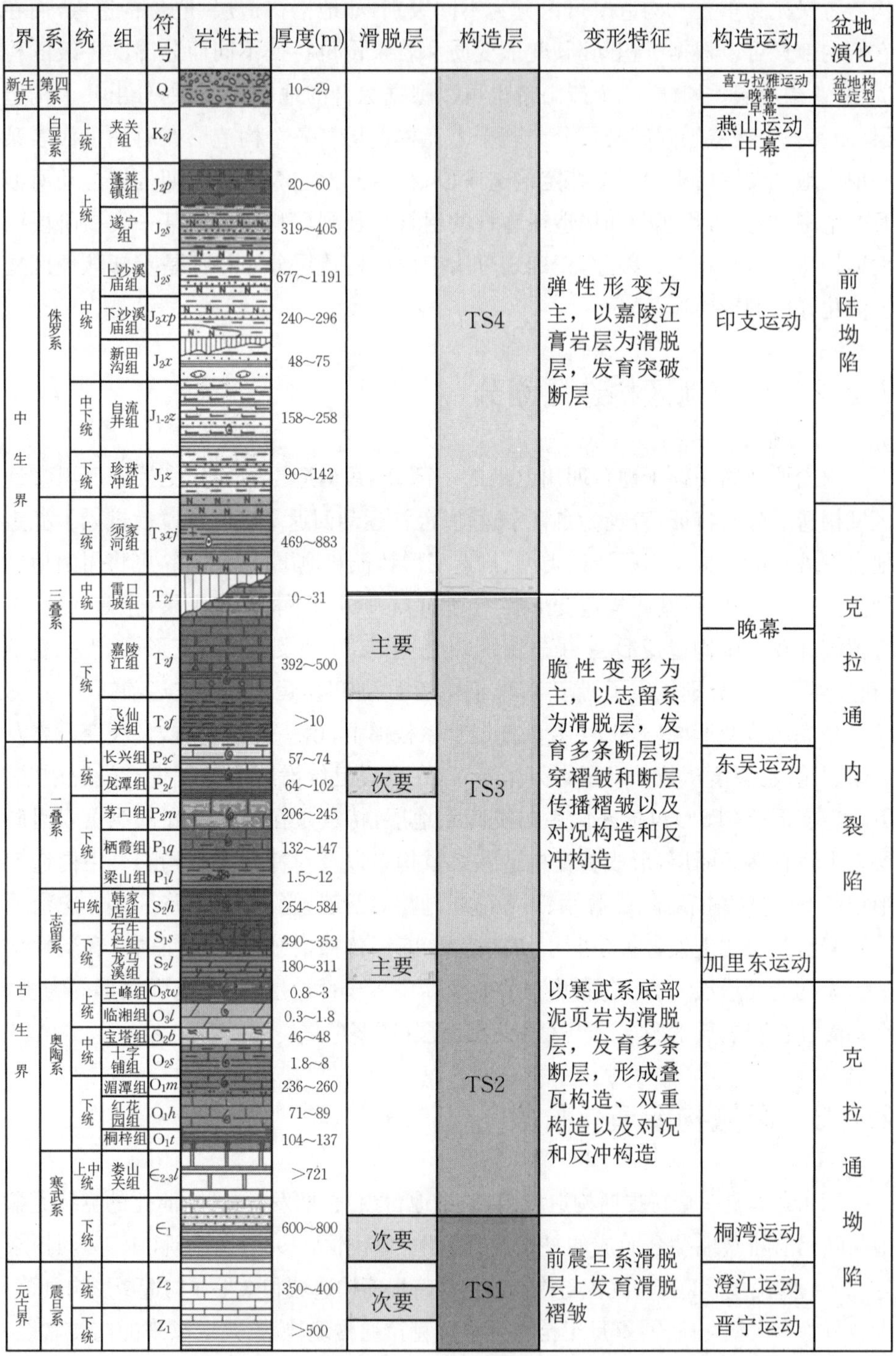

界	系	统	组	符号	岩性柱	厚度(m)	滑脱层	构造层	变形特征	构造运动	盆地演化
新生界	第四系			Q		10~29		TS4		喜马拉雅运动 晚幕 早幕	盆地构造定型
中生界	白垩系	上统	夹关组	K₂j						燕山运动 中幕	前陆坳陷
	侏罗系	上统	蓬莱镇组	J₂p		20~60			弹性形变为主，以嘉陵江膏岩层为滑脱层，发育突破断层	印支运动	
			遂宁组	J₂s		319~405					
		中统	上沙溪庙组	J₂S		677~1 191					
			下沙溪庙组	J₂xp		240~296					
			新田沟组	J₂x		48~75					
		中下统	自流井组	J₁₋₂z		158~258					
		下统	珍珠冲组	J₁z		90~142					
	三叠系	上统	须家河组	T₃xj		469~883				晚幕	克拉通内裂陷
		中统	雷口坡组	T₂l		0~31		TS3	脆性变形为主，以志留系为滑脱层，发育多条断层切穿褶皱和断层传播褶皱以及对况构造和反冲构造		
		下统	嘉陵江组	T₂j		392~500	主要				
			飞仙关组	T₂f		>10				东吴运动	
古生界	二叠系	上统	长兴组	P₂c		57~74					
			龙潭组	P₂l		64~102	次要				
		下统	茅口组	P₂m		206~245					
			栖霞组	P₁q		132~147					
			梁山组	P₁l		1.5~12					
	志留系	中统	韩家店组	S₂h		254~584				加里东运动	
		下统	石牛栏组	S₁s		290~353					
			龙马溪组	S₂l		180~311	主要		以寒武系底部泥页岩为滑脱层，发育多条断层，形成叠瓦构造、双重构造以及对况和反冲构造		
	奥陶系	上统	五峰组	O₃w		0.8~3		TS2			克拉通坳陷
			临湘组	O₃l		0.3~1.8					
		中统	宝塔组	O₂b		46~48					
			十字铺组	O₂s		1.8~8					
		下统	湄潭组	O₁m		236~260					
			红花园组	O₁h		71~89					
			桐梓组	O₁t		104~137					
	寒武系	上统	娄山关组	∈₂₋₃l		>721					
		下统		∈₁		600~800	次要		前震旦系滑脱层上发育滑脱褶皱	桐湾运动	
元古界	震旦系	上统		Z₂		350~400		TS1		澄江运动	
		下统		Z₁		>500	次要			晋宁运动	

图 2-6 川南地区构造层分布特征(据四川省区域地质志,1991,修改)

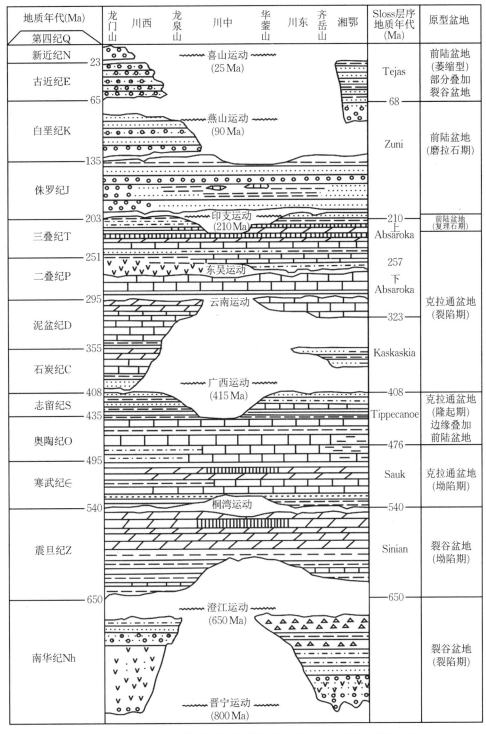

图 2-7 四川盆地及周缘盆地演化(据汪泽成等,2002;魏国齐等,2005)

拉通盆地演化阶段,受大型隆坳格局控制,形成分布面积广、沉积厚度大且以海相碳酸盐岩和页岩等为主的下部地层。前陆盆地演化阶段,沉降-沉积中心由川东转移至川西并发生跷跷板式区域构造运动,长期以来的构造发展格局及演化轨迹发生改变,除盆地西部山前带地层保存完好且继续接受上构造层陆相沉积外,其他地区构造逆冲及回返强烈。

四川盆地构造演化受控于扬子板块的演化,是中-上扬子沉积盆地的一部分。扬子板块现今的构造格局是多期构造运动叠加的结果,按其构造发育演化特征,可划分为伸展-收缩-转化的 3 个巨型旋回的 5 个沉积演化阶段。3 个巨型旋回是:① 早古生代原特提斯扩张-消亡旋回(加里东旋回);② 晚古生代-三叠纪古特提斯扩张-消亡旋回(海西-印支旋回);③ 中、新生代新特提斯扩张-消亡旋回(燕山-喜马拉雅旋回)。

1. 震旦纪-早奥陶世(加里东旋回之加里东早期伸展阶段)

加里东早期,四川盆地构造作用以区域隆升和沉降为特征,表现为"大隆大坳"特征,总体以稳定沉降为主。南部地区主要为地块区的陆表海,多为滨-浅海环境,沉积建造以稳定型内源碳酸盐为主。

2. 中奥陶世-志留纪(加里东旋回之加里东晚期收缩阶段)

中奥陶世以来,扬子板块与华夏板块作用强烈,包括四川在内的中、上扬子地区处于前陆盆地演化阶段,导致早期台地相碳酸盐岩被盆地相黑色页岩、碳质硅质页岩、硅质岩(上奥陶统五峰组)和黑、灰黑色砂质页岩、页岩(下志留统龙马溪组)所覆盖,反映了台地的最大沉降事件与台地的被动压陷和海平面相对上升相关。

在此阶段主要经历了 3 次挤压-挠曲沉降-松弛-抬升过程(尹福光等,2002),一是中奥陶世湄潭期-晚奥陶世临湘期,二是晚奥陶世五峰期至早志留世龙马溪期,三是早志留世石牛栏期至中志留世(图 2-8)。广西运动(加里东运动)(晚志留世末期)是一次规模巨大的地壳运动,造成中、上扬子台地的广泛隆升与剥蚀,志留系也受到不同程度的剥蚀,加之沉积时的差异,导致区域上残留厚度的不一致(图 2-9)。川中地区隆升为川中古陆,并广泛的发生地层剥蚀,导致较大地区志留系被全部剥蚀。此时,南部区位于该古陆的东南翼斜坡上,受地壳升降运动的影响,持续保持隆升状态,直至早二叠世海侵。

3. 晚古生代-三叠纪(海西-印支旋回之海西期-印支期伸展阶段)

早二叠世末,受东吴运动影响,本区又一次上升为陆,遭受剥蚀,岩溶地貌形成和上、下二叠统的平行不整合接触。川南泸州一带,NNE 向水下隆起雏形开始出现,只是隆起幅度平缓。晚二叠世龙潭期海侵,盆地周边古陆范围扩大。康滇古陆活动较剧烈,形成早二叠世岛链形式古陆连体,也使川南在晚二叠世的沉积基面呈现出西南高、东北低的古地理特点。海西期,盆地构造运动主要体现为地壳拉张运动,盆地周缘出现张性断陷。早三叠世海侵,仍继承了晚二叠世上扬子海盆东深西浅特征。中三叠世,江南古陆向西北向不断扩大,与早三叠世相反,海盆发生根本性变化,变为西深东浅,大量陆源碎屑从东侧进入海盆。印支期开始,盆地周缘褶皱抬升,盆地向内压缩,构造变形强度由外向内也逐渐减弱;江南古陆向西扩展,盆地东南边界向后收缩。中三叠世末(早印支期),整个四川盆地构造表现为龙门山隆起并向南东推覆。伴随印支运动的发生,又一次出现大规模海退,并形成北东向的泸州-开江古隆起。本区地处泸州古隆起较高部位及东南斜坡地带。晚三叠世

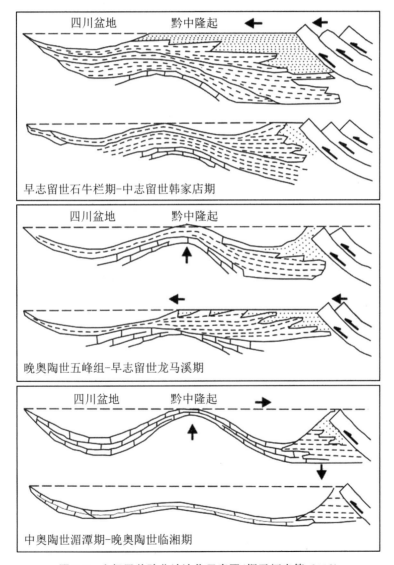

图 2-8　上扬子前陆盆地演化示意图(据尹福光等,2002)

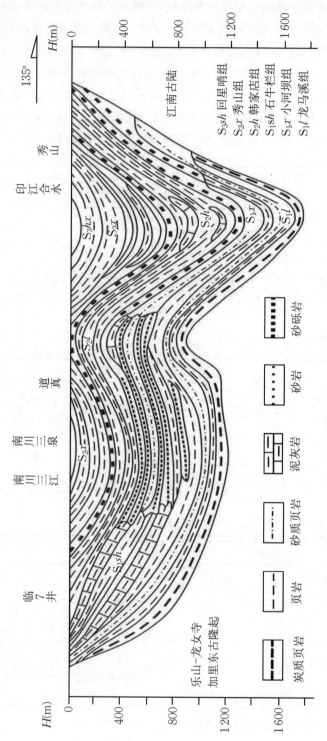

图2-9 川东-鄂西志留系地层分布横剖面图(据汪泽成等，2002)

初,本区进入陆相沉积阶段。三叠纪末的晚印支运动,使盆地周缘的山系抬升。该时期泸州古隆起受到的主要是近南北向的挤压应力,使上三叠统遭受剥蚀,形成上下地层间的沉积间断。

4. 侏罗纪-早白垩世(燕山-喜马拉雅旋回之燕山早-中期总体挤压背景下的伸展裂陷阶段)

侏罗纪,江南古陆西侧出现陆内坳陷,陆相湖盆沉积达到鼎盛时期。晚侏罗世末,燕山运动使研究区抬升而遭受强烈剥蚀。早白垩世晚期,习水、古蔺断裂出现南抬北降变化,赤水、泸州、宜宾、乐山和雅安一带接收 K_1 末- K_2 - E 沉积。该时期泸州古隆起继承性发展,隆起幅度变小,中心开始南移,隆起构造长轴由北东向转变为近东西向。

5. 晚白垩世-现今(燕山-喜马拉雅旋回之燕山晚期-喜马拉雅期挤压变形阶段)

该时期本区褶皱变形强烈,研究区主要受来自于 NW-SE 向的挤压作用,并在不同刚性基底拼接地带与周缘山系或古陆交会处形成扭动力,区内沉积盖层全面褶皱、断裂变形,形成现今构造面貌。区内主要经历了三幕构造作用:

(1)燕山晚期Ⅰ幕

川南地区褶皱变形,并抬升为陆,大范围的沉积活动结束。受秦岭造山带向南的推覆作用、继承性泸州古隆起的阻挡和 EW 向娄山大断裂带向北的压缩等影响,研究区形成近 EW 向构造。

(2)燕山晚期Ⅱ幕

区内隔挡式高陡构造带和帚状构造带形成。该时期主要受来自盆地东南边界的大规模挤压应力作用,整个边界作用应力分布不均匀,中、北段应力相对较大,南端作用力较小。从中段向南,作用力逐渐减小,在中南段形成一个东北端大、西南端小的力偶,在该力偶的作用下,而东北段的作用力方向由北西方向逐渐向西南方向发生偏转,至西南端的赤水地区,作用力已旋转至南西西方向。从而在研究区形成近 SN 向构造,叠加在近东西向构造之上,呈反接和斜接复合。

(3)喜马拉雅期

从区域背景分析,四川盆地应受到 3 种方式的应力的作用。首先,始新世中期,受印度板块与欧亚板块发生碰撞影响,四川盆地处于 NNE-SSW 向区域性挤压应力场;渐新世-中新世,受太平洋板块向 NWW 向俯冲的远程作用影响,四川盆地处于 SE-NW 向的挤压应力场,并形成 NNE 向构造。川东地区受先存燕山期构造的干扰,在盆地的南北边缘形成一些 NE 或 NNE 向构造,在盆地的东西两侧,由于受到川中刚性地块的梗阻,形成剪切效应,主要发育剪切断裂。

2.2.4　区域岩浆活动

四川盆地作为我国重要的油气盆地,地理位置上靠近峨眉山大火成岩区域:玄武岩,四川盆地热历史可大致以 259 Ma 为界,分为中二叠世之前的热流升高阶段和晚二叠世之后的热流降低阶段。259 Ma 之前的热流升高与以峨眉山超级地幔柱的发育和玄武岩喷发为代表的东吴运动有关,峨眉山超级地幔柱是四川盆地古生代热历史的主要影响因素。峨眉山玄武岩喷发结束后,四川盆地大规模的岩浆活动较少,热史特征主要受控于构造、沉积活动,受控于前陆盆地的发展演化。

朱传庆等(2010)基于钻井热史恢复,得到四川盆地下二叠统的古地温史(图 2-10)。在距今 275 Ma 时,四川盆地下二叠统温度为 40～70 ℃,盆地西南部温度较中北部高。至 260 Ma,即峨眉山玄武岩喷发时期,峨眉山超级地幔柱中带较近的四川盆地西南部的温度迅速升高到 150 ℃ 以上,至 250 Ma 时,随着岩浆活动的结束,地层温度又迅速降低至 60～70 ℃。250 Ma 之后,盆地范围的岩浆活动不发育,各构造区域的热背景较为接近,因此,地层的温度主要和埋藏深度有关。

2.3　野外地质特征

研究人员于 2017 年 4～5 月对川南地区地质构造发育特征及龙马溪组储层发育特征展开了细致野外地质工作,共完成了 4 条龙马溪组地质剖面的测量,195 个地质点的描述,57 口页岩气的开发钻井调研及 15 个主要构造点的观测(图 2-11)。

2.3.1　地质剖面特征

1. 小溪村地质剖面

小溪村地质剖面(图 2-12)起于北纬 28°21′38.7″东经 104°49′36.4″,起点高程335 m,剖面全长 329 m,高程变化为＋4.2 m。剖面位于珙县背斜南翼,剖面地层产状以 310°∠28°、305°∠22°、312°∠22°、340°∠22° 为主,呈现出稳定单斜形态,整体而言剖面岩性发育较完整,构造简单,但临湘组灰岩、五峰组、龙马溪组页岩均可见大量节理发育,裂隙与岩层近垂直或斜交,局部发育泥页岩的小型层间滑动、揉皱现象。

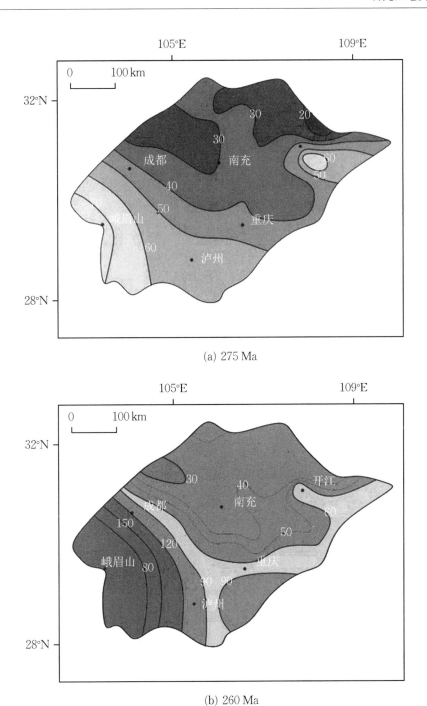

(a) 275 Ma

(b) 260 Ma

图 2-10 四川盆地下二叠统不同时期温度平面图(据朱传庆等,2010)

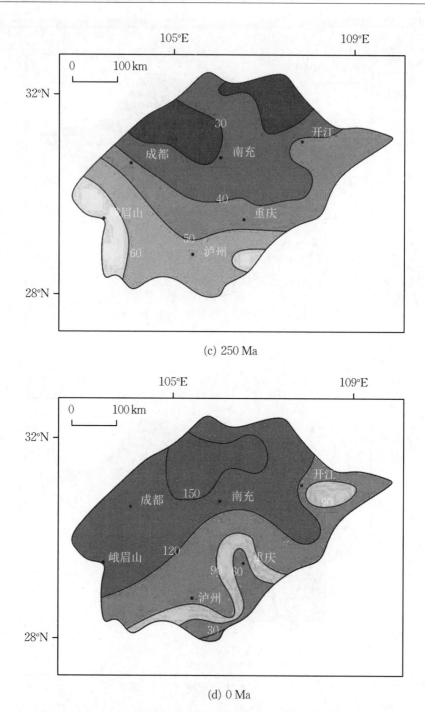

(c) 250 Ma

(d) 0 Ma

图 2-10 四川盆地下二叠统不同时期温度平面图（据朱传庆等，2010）（续）

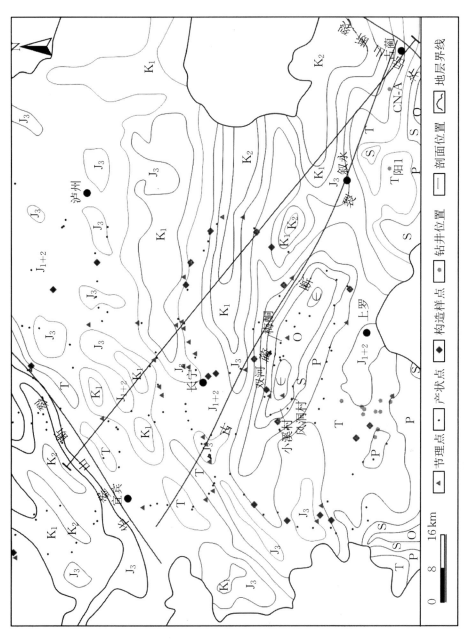

图2-11 川南地区野外地质调查工作图

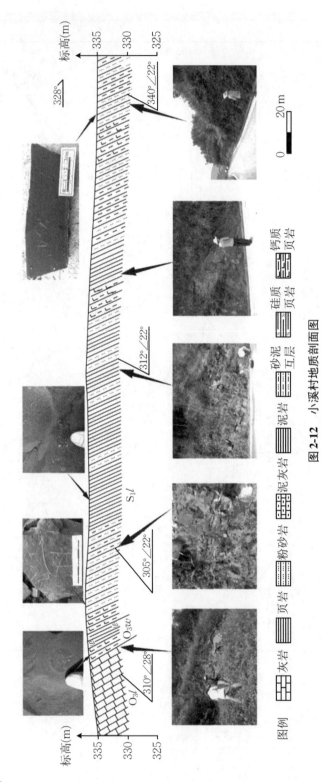

图2-12 小溪村地质剖面图

2. 梅硐地质剖面

梅硐地质剖面(图 2-13)起于北纬 28°21′28″东经 105°0′28.5″,起点高程 312 m,剖面全长约 159.5 m,高程变化为+6.93 m。剖面位于珙县背斜北翼,剖面地层产状以 0°∠10°、355°∠10°为主,呈现出较稳定的单斜形态,整体而言剖面地层发育完整,底部临湘组灰岩零星出露,与上覆龙马溪组整合接触,龙马溪组底部节理发育,笔石发育,LM6 段以上见数层厚 2～5 cm 的斑脱岩发育,沿层面或节理面见黄铁矿晶体产出。剖面顶部发育两条小型断层构造,此处岩性较破碎,整体岩性保存较好。

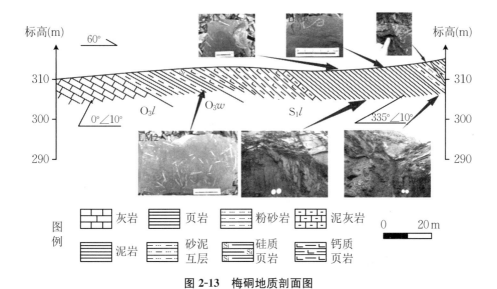

图 2-13 梅硐地质剖面图

3. 风洞地质剖面

风洞剖面(图 2-14)起于北纬 28°20′8″东经 104°51′27.8″,起点高程 696 m,剖面全长 236 m,高程变化为+14.8 m。剖面位于珙县背斜南西翼,整体呈向 S 倾斜的单斜构造样式。剖面地层产状以 188°∠21°、182°∠24°为主,地层发育稳定,底部临湘组出露较好,为典型的瘤状灰岩,节理发育较少,局部形成灰岩溶洞,上部依次为上奥陶统五峰组、下志留统观音桥组及龙马溪组黑色页岩。五峰组为黑色富有机质硅质页岩,厚度为 12.8 m;观音桥组为灰黑色生物灰岩,见介壳类、腕足类生物化石,厚度为 0.2 m;向上与龙马溪组整合接触,龙马溪组底部钙质页岩中节理发育,节理面平直,多与岩层面垂直,向上节理逐渐减小,泥质含量增高,顶部笔石零星发育。

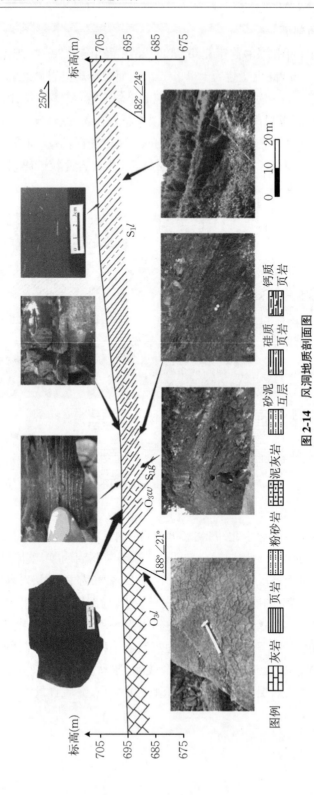

图2-14　风洞地质剖面图

2.3.2　野外构造观测

川南地区主体以褶皱构造为主,断裂构造相对不发育,区域第四系覆盖严重,在野外勘测的过程中对于发育的相关断裂带内的小型构造进行了相关的观测素描及分析,主要包括构造点72、构造点82、构造点138、构造点161、构造点215,各个构造观测点的位置在图2-11中已标出。各构造点特征描述如图2-15所示。

72号点位于冷水垭村(北纬28°21′17.2″东经105°9′50.8″),发育中奥陶世地层灰黑色隐晶质灰岩,发育有一组小型断裂,同时断层两盘伴生大量的节理,节理面见方解石充填,地层产状10°∠34°。

82号点位于仙峰镇南(北纬28°14′13.4″东经105°5′43.3″),发育中志留世韩家店组灰黑色隐晶质灰岩,地层破碎,数条逆冲断层相互构成,地层产状251°∠30°。

138号点位于李庄镇以南(北纬28°28′32.5″东经104°41′8.6″),发育一条高角度逆断层,断层面产状10°∠72°,上盘地层产状40°∠25°,下盘地层产状170°∠31°,断层两盘为紫红色细砂岩,断层上盘发育有拖曳褶曲。

161号点位于和尚寺南山脚处(北纬28°6′0.3″东经104°44′5″),发育中奥陶世灰黑色泥晶灰岩,厚层状,沿公路见断层角砾及擦痕构造,擦痕近EW向,地层产状110°∠13°。

215号点位于放马沟以东(北纬28°58′26.6″东经104°54′46.2″),发育有中侏罗世紫红色粉砂岩,局部夹黄绿色粉砂岩,地层中见一轴向NW-SE向的小型向斜构造。

2.3.3　优势节理发育方向

川南地区节理发育,节理面常平直、倾角较陡、延伸中等,以剪节理为主,张节理发育较少。本次野外工作共完成14个节理点,累计856组节理的测量工作。川南地区节理从底部奥陶系至白垩系地层均有发育,泥岩、砂岩、灰岩等不同岩性特征中节理发育规律存在较大差异。中粒砂岩与细粒砂岩互层发育时,细粒砂岩被节理切割较破碎,中粒砂岩岩石结构相对完整(图2-16(a));粉砂岩中节理发育相对较少,节理面平直,延伸长度较小,同时,岩石遭受节理切割破坏后,钙质胶结抗风化程度明显强于泥质胶结(图2-16(b)、(c));龙马溪组碳质页岩中发育大量的剪节理,部分地区岩性破碎,节理面平直,延伸较长(图2-16(d)、(e)、(f));瘤状灰岩中节理具有数量少,延伸长度长短,节理面常见方解石充填(图2-16(g)、(h));泥晶灰岩中节理较发育,节理面平直,延伸长度长(图2-16(i))。

图 2-15　川南地区地表露头构造观测

图 2-15　川南地区地表露头构造观测(续)

(a) 中-细粒砂岩J$_3$

(b) 粉砂岩J$_1$

(c) 泥质粉砂岩J$_3$

图 2-16　川南地区野外节理发育特征

(d) 碳质页岩S_3l

(e) 碳质页岩S_1l

(f) 碳质页岩S_1l

图 2-16 川南地区野外节理发育特征(续)

(g) 瘤状灰岩与碳质页岩O3l+S$_1l$

(h) 瘤状灰岩O$_3l$

(i) 泥晶灰岩O$_2b$

图 2-16　川南地区野外节理发育特征(续)

通过对野外实测节理进行复平(图 2-17),研究节理发育时的主应力方向,并结

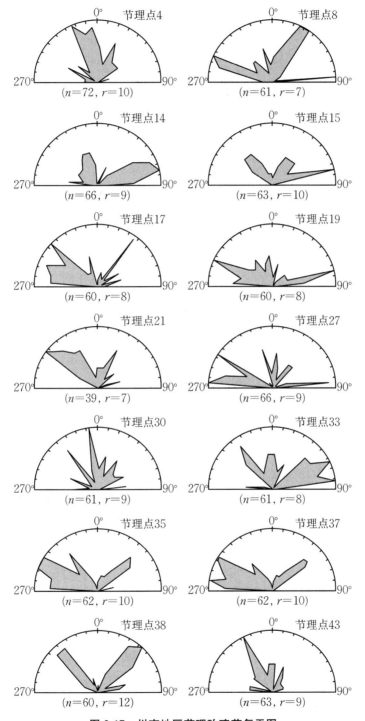

图 2-17 川南地区节理玫瑰花复平图

合不同节理之间相互错开、限制、互切关系,对川南地区地质历史过程中主要地应力方向进行分期配套工作。结果表明,区内节理主要发育方向为 NE 向、NW 向及近 EW 向,节理发育特征与区内构造线方向基本保持一致,反映在地质历史时期,流区经历了至少两期强烈的构造应力场作用。

3 研究区构造变形特征及形成机制

3.1 基底构造特征

区域基底结构的不同,控制着盖层沉积盆地形成演化所经历的沉积作用、岩浆作用、变质作用和构造变形作用。因此,基底构造的研究对沉积盖层构造变形及演化特征的认识具有非常重要的意义。

结合四川盆地基底岩性结构分布图(图 3-1),四川盆地主要包括 5 个岩性块体:强磁性岩块、无磁性或弱磁性岩块、无磁性酸性岩块、中酸性岩浆杂岩体和中基性岩浆杂岩体。本节所述研究区所在的川南地区,基底岩性属于无磁性或弱磁性岩块。结合四川盆地基岩标高等值线图(图 3-2),四川盆地基底顶面表现出"两隆三凹"的格局,两隆即指川西的三台-阆中隆起带和川东的垫江-涪陵隆起带,三凹即指隆起中间、盆地西北缘及东南缘的相对凹陷,区域上发育的深大断裂控制了基底起伏的隆起-凹陷边界。

重力法作为研究基底构造特征的地球物理方法,利用不同地质体具有的密度差异和磁性差异,不同的岩性具有特定的密度特征,能形成具有空间变化差异的重力场,因此重力异常是分析基底中不同地质体的方法之一,是研究深、浅部构造发育特征的重要手段。

断裂使得地质体在三维空间发生位移和错断,在断层两侧由于地层密度变化,表现为重力异常变化的梯度带(图 3-3)。各沉积层的磁性往往存在差异,基底断裂和区域性断裂可能是深部岩浆活动、区域构造所致,断裂带形成之后又常伴随岩浆活动,故在断裂两侧及断层带上存在磁异常特征。结合周稳生(2016)对四川盆地进行的布格重力异常分析结果可以看出,基底型深大断裂决定了四川盆地的构造轮廓,主要包括盆地西部的龙门山断裂带、盆地北部的城口断裂带、盆地东部的齐岳山断裂带、华蓥山断裂带,盆地南部的雅安-宜宾断裂带;一定程度上,盆地内的隐伏断裂发育在盆地演化的各个时期控制了盆地中的沉积演化过程。

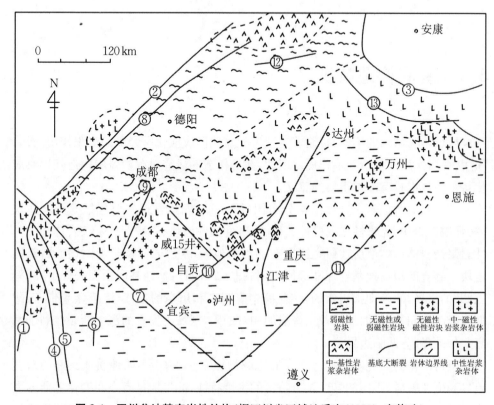

图 3-1 四川盆地基底岩性结构(据四川省区域地质志(1991),有修改)

① 安宁河深断裂;② 龙门山断裂;③ 城口深断裂;④ 普雄河断裂;⑤ 汉源断裂;⑥ 峨眉山断裂;

⑦ 岷江断裂;⑧ 彭灌断裂;⑨ 龙泉山断裂;⑩ 华蓥山断裂;⑪ 齐岳山断裂;⑫ 旺苍断裂;⑬ 万源断裂

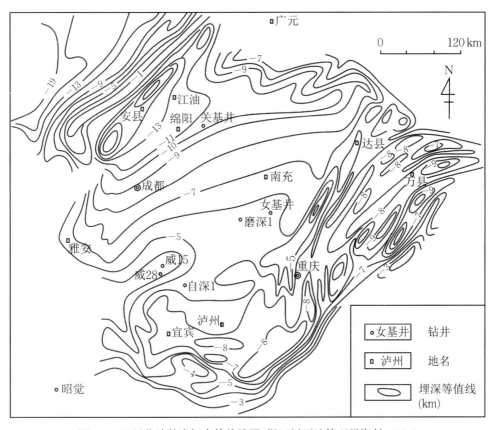

图 3-2 四川盆地基岩标高等值线图(据四川石油管理局资料，1983)

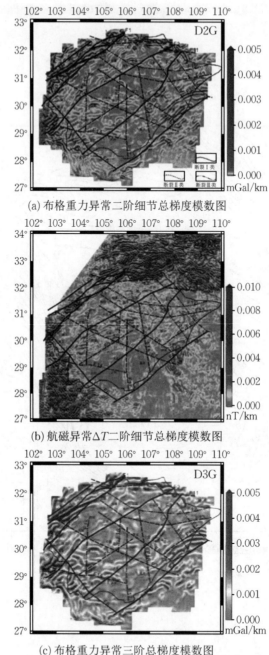

(a) 布格重力异常二阶细节总梯度模数图

(b) 航磁异常ΔT二阶细节总梯度模数图

(c) 布格重力异常三阶总梯度模数图

图3-3　四川盆地布格重力异常图(据周稳生,2016)

F1 龙门山断裂带;F2 巴中-浦江-龙泉山断裂带;F3 华蓥山断裂带;F4 齐岳山断裂带;F5 威远-内江断裂带;

F6 雅安-宜宾断裂带;F7 成都-乐至断裂带;F8 绵阳-南充-石柱断裂带;F9 达州-石柱断裂带;F10 云阳断裂;

F11 广元-旺苍-城口断裂;F12 阆中-达州断裂;F13 梓潼-开县断裂带;F14 宜宾-泸州断裂带;

F15 德阳-资阳断裂带;F16 遂宁-大足断裂带;F17 阆中-南充断裂带;F18 苍溪-广安断裂带;F19 丰都-石柱断裂带

3.2　川南地区构造变形期次分析

　　川南地区位于华蓥山断裂以西齐岳山断裂以东,地表构造行迹可分为 NE 向构造、SN 向构造及 EW 向构造,区域上由北向南构造由 NE 向逐渐转为 SN 向褶皱带,组成帚状型构造,指示研究区构造具有右旋走滑性质。同时,帚状褶皱带向南延伸被 EW 向褶皱所叠加,同时 EW 向褶皱西延至华蓥山断裂带时,褶皱轴向逐渐发生变化,与断裂带平行,进一步反映出华蓥山断裂带具有持续性活动的特征;向东的延伸受齐岳山断裂带的控制,局部地区构造变形及于白垩系地层。

　　川南低陡褶皱带主控因素为东、西两条基底断裂带,形成时间为中生代以来的 3 次主要构造事件:印支期碰撞造山时间、燕山早期板块汇聚事件及燕山晚期-喜马拉雅期挤压事件。各期构造事件产生的构造形迹在空间上发生复合叠加,造就了现今复杂的构造组合样式。中晚三叠世碰撞造山事件(印支运动)在研究区的作用相对较弱,SN 向挤压应力作用形成少量 EW 向褶皱构造(图 3-4(a));中晚侏罗世时期(早燕山期),研究区所在的东亚构造体制发生重大变革,板块多向汇聚形成研究区主体构造样式的雏形,其中秦岭造山带的再次活动形成和发展了南部米仓山-大巴山前陆逆冲构造带,太平洋板块向西挤压,基底断裂走向的差异导致区域应力方向发生改变,北部褶皱轴向成 NE 向,向南应力方向逐渐转为 EW 向,褶皱走向变为近 SN 向,形成典型的帚状构造特征(图 3-4(b))。早白垩世晚期之后的挤压事件(晚燕山期-喜马拉雅期)进一步改造研究区,同时具有继承性发育特征;在 NW-SE 向区域挤压应力控制下,地层进一步持续抬升剥蚀,该阶段的改造作用对四川盆地油气藏形成意义重大。

　　从变形机制上讲,地质构造变形幅度高低、强度大小、形态变化等与它们的区域构造位置、受力大小与方式、基底性质及边界条件等因素密切相关,在不同地区,上述因素有所不同,构造表现出不同的特征。从受力性质上讲,川南地区构造变形中的作用力可分为压性和压扭性。不同层次的构造经历的变形历程(加里东-海西期的张裂、燕山-喜马拉雅期挤压回返)存在差异,也导致它们在变形方式上有所不同。就构造发育特征而言,川南地区构造格局具有继承性,如 NE 向的华蓥山断裂其形成可追溯至加里东期,并且在以后的地质进程继承发展,不断得到加强、改造,东、西两侧形成差异较大的盆地面貌和沉积结构。从地质构造形成时间上看,川南地区现今构造主体形成于燕山期-喜马拉雅期,在多期次的构造应力作用下,先期

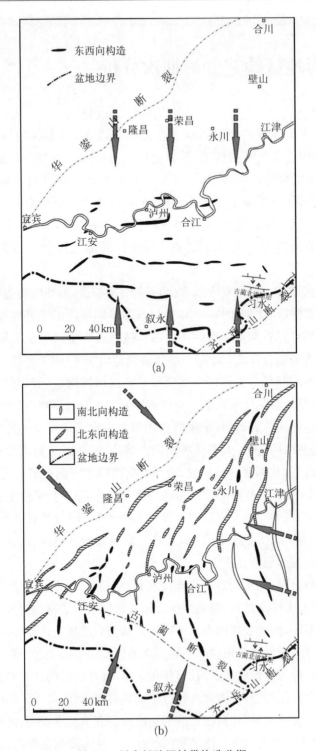

图3-4 川南低陡褶皱带构造分期

构造得到加强,同时不同方向的裂缝系统和中、小断层发育,该阶段强烈的构造改造作用对川南地区构造格局形成了深远的影响。

3.3 川南地区裂缝类型及形成机理

3.3.1 裂缝类型

戴弹申等(2000)、陈尚斌等(2012)和袁玉松等(2016)等学者对四川盆地不同局部构造裂缝的分布规律进行了研究(表3-1)。在断裂带等局部构造内往往有裂缝发育,且两盘的岩性、断层类型和落差等均会对裂缝发育产生重要影响。构造运动强的区域和部位,储层岩石发生脆性破裂,裂缝发育,但也通过挤压作用增加了压实作用强度,降低了岩石的孔渗性。

泥页岩属于低渗透、低孔隙度岩石,裂缝通常不发育,其裂缝特征与形成机理有别于其他岩石类型(岳峰等,2016;李恒超,2017;范存辉等,2017)。在岩石沉积埋藏过程中,因成岩作用、构造作用、有机质演化,会形成不同类型的裂隙。

本书将肉眼条件下可以观察到的裂缝定义为宏观裂缝。大多数储层都存在一定数量的裂缝。一般通过采用描述法、成因法和几何法对天然裂缝系统的复杂性进行分析。对于裂缝类型的划分,种类也很繁多,包括基于裂缝成因、产状、几何形态和破裂性质等方面进行分类。王正瑛等(1982)提出以成因为基础分为成岩裂隙、溶解裂隙和构造裂隙三大类。丁文龙等(2011)进一步将低孔、低渗的泥页岩储层裂缝依据成因划分为构造裂缝和非构造裂缝2种大的成因类型和12个亚类(表3-2),也兼有前者的分类特点,更为合理。不同类型裂缝的特征和形成机理不同,构造作用、储层压力大小是控制裂缝发育的主要因素,也是决定裂缝几何尺寸关键所在。

页岩气储层具有一定数量的天然裂缝,提供了大量的储集空间,也为页岩气的生产提供有效运移通道(Davie,Tracy,2004)。开发页岩气时,可通过压裂技术,使储层产生大量诱导裂缝和人工裂缝,为页岩气生产提供有效运移通道。天然气生产与裂缝密切相关,阿巴拉契亚盆地页岩气产量高的井,均处于裂缝发育带,与此相对,裂缝不发育的地区的井产量低甚至不产气(蒲泊伶,2008)。泥页岩类储层中裂缝各向异性显著,裂缝的产状、密度、组合特征和张开程度等因素共同影响了页岩气开采。裂缝条数越多,裂缝走向越分散,产气量越高(Tutuncu et al.,2011);

表 3-1　四川盆地各断褶带裂缝发育特征（据陈尚斌等，2012）

褶皱类型	变形特征	应力作用方式	有效裂缝特征		典型构造
			类型	发育带分布部位	
褶断型	先褶后断以褶为主	水平侧向挤压	纵横张缝	背斜轴、肩、翼部挠曲、端、牵引褶曲	白节滩、纳溪
褶断型	先断后褶以断为主	水平力偶扭动	纵横张缝与扭张缝	次一级正向褶曲、翼部挠曲、端部牵引褶曲	朱家场
褶断型	先断后褶以断为主	水平侧向挤压和水平力偶扭动	张扭缝或纵横张缝与扭张缝	背斜轴、肩、翼部挠曲、端部、次一级正向褶曲、牵引褶曲	阴高寺
断褶型	先褶后断以褶为主	水平侧向挤压	纵横张缝	牵引褶曲、翼部挠曲	熊坡
复合型 印支期	先断后褶以断为主	水平侧向挤压和水平力偶扭动	纵横张缝与扭张缝	背斜轴部、端部	中坝
复合型 喜马拉雅期 强岩层	先褶后断以断为主	不同次序与方向水平侧向挤压兼水平力偶扭动	纵横张缝		
复合型 弱岩层	先褶后断以褶为主	水平侧向挤压和水平力偶扭动	纵横张缝与扭张缝	背斜轴部、牵引褶曲、翼部挠曲	临峰场

受构造作用影响,裂缝系统发育,储层内连通性好,渗透率越,产气量大。开启的、相互垂直的或多套天然裂缝能增加页岩气储层的产量(Hill,Nelson,2000)。但也有研究表明对页岩气产量起实质性贡献的是压裂改造裂缝(Daniel et al.,2007;Bowker,2007)。裂缝对于页岩气的高丰度和高产也存在负面影响,即如果裂缝规模过大,可能导致页岩气逸散,若裂缝还被胶结物充填封闭,不仅会使其资源评价困难,且会导致压裂效果变差。

表 3-2　泥页岩裂缝类型及成因(据丁文龙等,2011)

类　　型	亚　　类	主要成因
构造裂缝	剪切裂缝 张剪性裂缝	局部或区域构造应力作用,泥页岩韧性剪切破裂形成的高角度剪切裂缝和张剪性裂缝,经常与断层或褶皱相伴生
	滑脱裂缝	在伸展或挤压构造作用下,沿着泥页岩层的层面顺层滑动的剪切应力产生的裂缝
	构造压溶缝合线	水平挤压作用压溶形成的裂缝
	垂向载荷裂缝	垂向载荷超出泥页岩抗压强度形成的裂缝
	垂向差异载荷裂缝	上覆底层不均匀载荷导致泥页岩破裂形成的裂缝
非构造裂缝	成岩收缩裂缝	成岩早期或成岩过程中泥页岩脱水收缩、暴露地表风化失水收缩干裂、黏土矿物的相变等作用形成的裂缝
	成岩压溶缝合线	沉积载荷作用使泥页岩层负载引起的成岩期压实和压溶作用,或由于卸载,岩层负载减小、应力释放,岩层内部产生膨胀、隆起和破裂形成的裂缝
	超压裂缝	泥页岩层内异常高的流体压力作用形成的微裂缝
	热收缩裂缝	泥页岩受侵入岩浆烘烤变质、温度梯度作用,受热岩石冷却收缩破裂产生裂缝
	溶蚀裂缝	泥页岩差异溶蚀作用形成的裂缝
	风化裂缝	泥页岩长期遭受风化剥蚀作用,岩石机械破裂而形成的裂缝

3.3.2　裂缝形成机理

3.3.2.1　构造裂缝

构造裂缝主要是各种构造地质作用下形成的裂缝,这类裂缝具有肉眼可见、延伸长、裂缝宽度变化大、裂缝面比较平直规则等特点,通常成组出现并形成不同的裂缝组系,裂缝面与岩层面近垂直,发育方向受控于区域构造发育特征。不同亚类的构造裂缝形成机理往往不同,根据力学性质的不同,又可分为张裂缝、剪裂缝(图

3-5(a))和层面滑移缝(图 3-5(b)),在龙马溪组中裂缝常见方解石填充。

(a) 风洞村露头

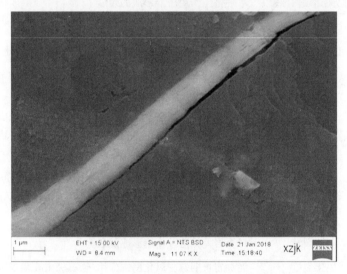

(b) 小溪村XXC-5

图 3-5　川南地区长宁 S_1l 黑色页岩裂隙特征

1. 张裂缝与剪裂缝

张裂缝是在张应力作用下产生的构造裂缝。在岩芯上观察到的宏观张性裂缝的裂缝面通常粗糙不平,多数已被方解石、黄铁矿等矿物半充填或完全充填,多为高角度缝,缝宽和长度变化较大(图 3-6(a))。未被矿物充填或仅半充填的裂缝,对页岩气扩散运移有良好的连通作用,被矿物完全充填的裂缝则连通性较差。

剪裂缝是在剪切应力作用下产生的构造裂缝。在岩芯上观察到的宏观剪裂缝较张裂缝少,其产状变化也较大,但多为低角度缝。裂缝面通常平直光滑,在裂缝面上可见阶步或微错动现象(图 3-6(b))。

(a) 张裂缝

(b) 剪裂缝

图 3-6 WX2 井龙马溪组岩芯裂缝特征

2. 滑脱裂缝

在伸展或挤压构造作用下,沿着泥页岩层的层面顺层滑动的剪切应力产生的裂缝为滑脱裂缝,其平行于层面发育,裂缝面具有明显滑移痕迹,滑脱裂缝的形成不仅与地层中岩性组合特征相关,而且与地质历史中所受应力应变环境有关。

3.3.2.2 非构造裂缝

1. 页岩层间页理缝

层间页理缝主要是指页岩中页理间平行于层理纹层面间的孔缝,为沉积作用过程中的产物。通常形成于强水动力条件,由一系列薄层页岩组成,层间页理缝通常为页岩间力学性质较薄弱的界面,常易于剥离。层间页理缝在区内泥页岩中极为常见,其张开度一般较小,有时被其他矿物半充填或完全充填(图 3-7)。

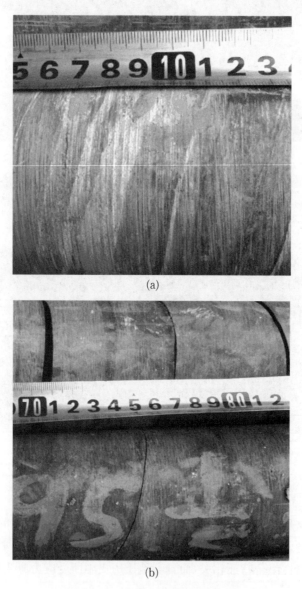

(a)

(b)

图 3-7 WX2 井龙马溪组层间页理缝

2. 成岩收缩缝

成岩收缩裂缝为成岩过程中在上覆地层压力下泥页岩岩层失水、均匀收缩、干裂以及重结晶等作用产生内应力形成的裂缝,其形成与构造作用无关。成岩收缩缝在泥岩层的扫描电镜下常见,其连通性较好,开度变化较大,部分被次生矿物充填(图 3-8)。

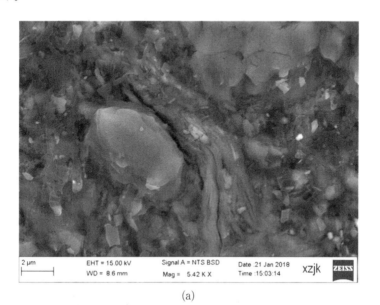

(a)

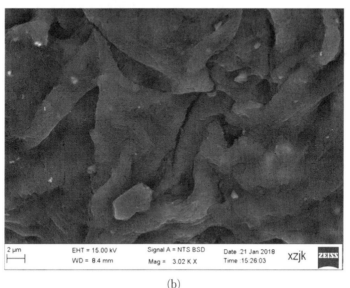

(b)

图 3-8　扫描电镜下风洞村龙马溪组黏土矿物成岩收缩缝

3.4 显微变形特征及应力-应变环境

为了解地壳和上地幔所经受的应力、应变、应变速率、温度、压力等环境条件和演化史,宏观的野外地质工作是非常重要的,但对介质-岩石中因为变形引起的微观变形特征的分析研究也是一个重要方面(姜波等,1994,2003)。岩石在经受应力作用后,不仅会呈现出宏观变形特征,而且在微观上,其结构和组成也表现出丰富多彩的变形特征(何永年等,1988)。已有大量的实验和野外证据表明,岩石变形的环境因素,如温压、应力等,在一定的条件下可以通过变形岩石的显微构造和组构记录和保存下来。近年来,国内外越来越重视对断裂带中的岩石的研究,就是因为根据断层岩的显微构造和组构的研究可以获得有关断层的动力学特征、变形环境条件以及发育历史等方面的重要信息。本书对研究区断层岩显微构造的测试、分析,将更有利于全面研究整个区域的构造变形及演化历史。

3.4.1 显微构造特征

本书在宏观褶皱、断裂以及节理构造研究的基础上,基于显微变形观测,进一步研究川南地区应力-应变环境。从显微构造的角度探讨了川南地区构造活动性质、活动方向及活动强度等运动学特征。

研究工作根据区域内地层出露和构造发育情况,样品采集点分布在川南低陡褶皱带内,样品岩性为粉砂质泥岩、细粒砂岩及中粒砂岩,研究区内未发现粗粒砂岩,其中泥岩样品 6 个,砂岩样品 16 个,样品详细信息见表 3-3。

表 3-3 川南地区定向岩石样品采集信息

样品编号	岩性	构造部位	产状
CN-6	泥岩	六合场背斜	225°∠19°
CN-8	细粒砂岩	六合场背斜	251°∠56°
CN-12	细粒砂岩	六合场背斜	306°∠47°
CN-13	泥岩	临峰场背斜	166°∠46°
CN-14	细粒砂岩	临峰场背斜	335°∠19°
CN-15	中粒砂岩	长垣坝背斜	313°∠58°
CN-31	中粒砂岩	纳溪背斜	307°∠12°
CN-4	粉砂质泥岩	官渡背斜	346°∠70°

样品编号	岩性	构造部位	产状
CN-5	中粒砂岩	官渡背斜	10°∠34°
CN-7	中粒砂岩	官渡背斜	33°∠64°
CN-19	中粒砂岩	珙县背斜	240°∠10°
CN-20	中粒砂岩	官渡背斜	143°∠45°
CN-22	中粒砂岩	六合场背斜	330°∠17°
CN-23	中粒砂岩	桐梓园背斜	175°∠13°
CN-16	粉砂质泥岩	贾村背斜	13°∠10°
CN-17	中粒砂岩	长垣坝背斜	350°∠10°
CN-18	中粒砂岩	长垣坝背斜	185°∠43°
CN-21	粉砂质泥岩	宋家场背斜	285°∠4°
CN-25	中粒砂岩	桐梓园背斜	316°∠24°
CN-28	中粒砂岩	桐梓园背斜	40°∠6°
CN-29	粉砂质泥岩	坛子坝背斜	176°∠14°
CN-30	中粒砂岩	黄瓜山背斜	138°∠8°

对显微变形研究的研究中,主要使用了偏光显微镜、费氏台等实验工具,分别进行了岩石显微构造特征、构造岩石组构特征等研究。

岩石中普遍存在着类似肉眼可见的小型几何构造、矿物集合体或单体级别的显微构造。由于构成岩石的矿物种类繁多,各矿物间的物理化学性质差异性大,所形成的显微构造类型亦具有多样性,主要包括矿物颗粒间变形与粒内变形。川南地区主体构造以低陡褶皱构造为主,不同板块的动力作用于研究区,作用过程在褶皱带以及断裂内岩石显微变形应较为明显,其形成过程中亦在断裂带附近的岩石上留下了上述显微构造形迹。

研究中用于镜下观察的对象为用野外定向砂岩制备的薄片。岩石薄片皆为水平切片,故在镜下展现出的系列显微构造的发育方向对区域应力场及川南地区的运动学特征具有指示性意义。由于研究区地表地质条件及不同时代砂岩胶结程度存在明显差异,野外工作采集的中粒石英砂岩的镜下观察效果区别较大,因此,本书主要选择镜下易观测的砂岩样品,探讨其在正交偏光显微镜下的构造特征。

3.4.1.1 脆性显微构造

脆性变形是指物体在应力的作用下发生无明显应变(小于5%)的结构破裂的变形过程。岩石的脆性变形构造主要表现为在构造应力的作用下产生不同性质的裂隙(纹),在显微裂隙中主要可观察到剪裂隙和张裂隙,反映了地壳浅层次、较低温度和较低压力下的变形环境。

镜下观察在研究区内采集的砂岩发现,各样品内都含有不同类型、不同规模、不同数量的显微裂隙。据镜下观察及不完全统计,显微裂隙的发育类型较多,且主要发育剪裂隙,又可进一步划分为微裂隙(图3-9(a)、(b))、共轭剪裂隙(图3-9(c))以及羽状斜列式微裂隙(图3-9(d)),总体上研究区内的样品的显微裂隙延伸较短,多在单个晶粒中发生破裂,为晶内裂隙,仅个别样品局部出现穿晶裂隙。

(a) 微裂隙

(b) 微裂隙

图3-9 岩石显微裂隙特征

(c) 共轭剪裂隙

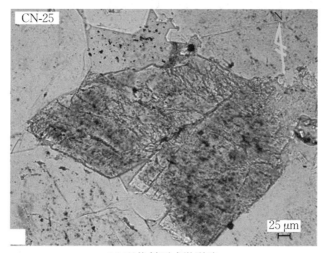

(d) 羽状斜列式微裂隙

图 3-9 岩石显微裂隙特征(续)

3.4.1.2 塑性显微构造

塑性变形是流体或固体物质在外力的作用下产生形变,而当施加的外力停止作用后其物理结构不能主动恢复原状的一种现象。岩石的塑性变形构造主要包括变形纹、变形条带、波状消光、亚颗粒、重结晶颗粒以及碎斑结构等,同一地区不同岩石塑性变形构造的不同可以反映该区域内变形强度和变形环境的差异。

镜下可见川南地区砂岩样品中塑性变形种类较多,常见石英颗粒变形纹,变形纹一般不切穿晶粒,主要由晶内位错滑移产生,这也是岩石塑性变形的重要标志之一,在石英颗粒中最为常见。一般认为,变形纹发育在石英颗粒内部的一个高剪应力位置,相当于石英粒内的一个剪切滑动面,可用于推导变形期间主应力的方位(徐和聆等,1982)。研究区内砂岩样品中均发育不同程度的石英晶粒变形纹,且石英变形纹极为密集,多为带状消光或石英颗粒发生塑性变形,如图3-10所示。

(a) 带状消光与变形纹

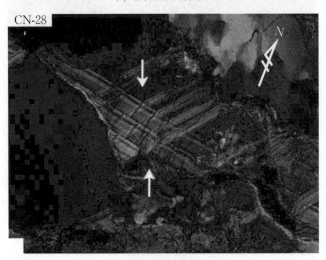

(b) 共轭变形纹

图 3-10　变形纹显微构造

(c) 带状消光与变形纹

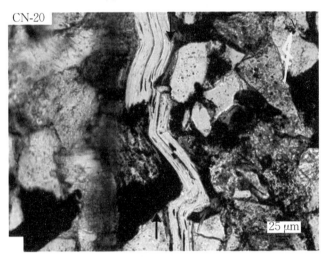

(d) 塑性流变

图 3-10 变形纹显微构造(续)

3.4.2 显微构造运动学特征

前述脆性及塑性显微构造特征表明,川南地区主要发育显微塑性变形,脆性变形相对较弱,这说明区内构造变形强度整体较弱,主要为一种低温、低压的变形环境。研究区不同构造部位形变程度有所差异,反映出构造应力强度也具有一定差异性。

研究区东南部构造较为复杂,属于 EW 向构造与 NE 向帚状构造带相互叠加部位,取自该构造位置的砂岩样品(CN-15、CN-17、CN-18、CN-25等)的镜下脆性和塑性变形特征也较为明显,发育大量的石英变形纹、扭折带和较多的显微裂隙等一系列具有指示意义的显微运动学标志,反映出流区内经历过多期不同方向的构造挤压作用,主要应力方向为 NW-SE、NNW-SSE 以及近 S-N 向。取自研究区北部砂岩样品(CN-23、CN-25、CN-28、CN-30等)位于 NE 向帚状构造带内,镜下显示同样发育一系列具指示意义的显微构造,主要应力方向为 NW-SE 向。

3.4.3　岩石组构特征及其分布规律

岩石组构是指矿物集合体内部的几何形态和物理性质在空间上的分布规律,主要包括结构、构造和优选方位。研究岩石组构的微观定向规律,对深入研究宏观构造应变规律、受力状态、运动方式及动力学特征等有着重要意义。常用于岩石组构研究的矿物有石英、方解石、云母、橄榄石、角闪石、斜长石及辉石等,其中以石英为最常见、最重要的造岩矿物,其光轴优选方位定向研究已成为构造岩组学最基础最简单的技术。这一技术经国内外众多地质学家广泛运用,其分析技术及结果解译等理论成果已经相当成熟。本书亦从研究石英光轴优选方位的角度,探讨川南地区的显微构造运动性质和应力场特征。

石英光轴优选方向的研究过程从采样、制片、测定到分析,每个步骤都有不同的方法。本书的研究采用的是野外定向砂岩样的水平切片(统一利用地理水平切面可省去后期等密图旋转的繁琐工作),利用费氏台测定法对石英颗粒的光轴优选方位进行了统计。受研究区地层发育条件与野外采集砂岩样品粒度的限制,仅有5个砂岩样品符合实验要求,样品采集位置分别位于 NW-SE 向帚状构造带与 EW 向构造带区域内,每个样品的水平切片测定 200 个有效测点。将石英光轴极密点图绘制成等密图,发现石英光轴优选方位呈多极密点的小圆环带形,各砂岩样品石英组构特征信息见表 3-4。

表 3-4　川南地区砂岩石英光轴等密图特征

样品编号	采样构造带位置	基本样式	测点数	环带特征	主极密个数	对称类型
CN-5		小圆环带	200	环带连续	4	单斜对称
CN-17	NE-SW 向帚状构造带	小圆环带	200	环带连续	3	单斜对称
CN-22		小圆环带	200	环带连续	3	单斜对称
CN-23	EW 向构造带	小圆环带	200	环带连续	3	单斜对称
CN-31		小圆环带	200	环带连续	3	单斜对称

根据岩组构造学理论,正常沉积,未受构造扰动变形的原始岩体的石英光轴方

位在赤道平投影面上的分布应呈随机均匀趋势。出现石英光轴优选方位主要有两方面原因:第一,在低温或高应变速率下没有重结晶作用,光轴优选方位可以由石英晶粒的旋转或由晶粒内部滑移和伴随晶粒旋转产生;第二,在高温或低应变速率下重结晶作用广泛,光轴优选方位可以由重结晶作用产生。由滑移和旋转而产生的石英光轴优选方位,晶粒的长轴总是趋向于平行最大伸长轴,短轴平行最大缩短轴,从而达到一种稳定状态;矿物的重结晶只依赖于应力偏量,而与静压力变化无关,其最稳定的结晶方位是使与最大主应力轴(σ_1)垂直的平面上的化学能减至最小值的方位,因此石英光轴方向倾向于垂直最大主应力轴排列。

组构学将优选方位的投影图划分为 3 种基本形式,分别为极密、大圆环带和小圆环带,各代表了不同的优选方位分布情况:极密是指投影点在一个小范围的集中,其在空间上反映了组构要素平行或接近平行的排列;大圆环带指投影点较均匀地在投影网的大圆分布,空间上是组构要素沿某一定方位的平面分布;小圆环带指投影点比较均匀地沿投影网的小圆分布,空间上是沿锥面分布。采于研究区内 3 个砂岩的样品的石英光轴等密图皆显示了带多个极密点的小圆环带型,这表明研究区内的岩体经历的构造变形不只是简单或单次的,而应是多期构造运动叠加或是复杂构造运动所致。

组构学理论认为组构图的对称类型能够反映其所受运动的类型,主要的组构对称类型有球对称、轴对称、斜方对称、单斜对称及三斜对称,分别对应的具构造意义的运动为球对称运动、轴对称运动、斜方对称运动、单斜对称运动及三斜对称运动。球对称运动可简单地理解为岩体所受变形为均匀的,例如正常的热胀冷缩活动,或是岩体并未受到强烈的变形;轴对称多指单个极密点或单个小圆环带或是单个大圆环带的对称类型,其所对应的构造运动变形为简单的拉伸或是挤压;斜方对称的特征是具有 3 个二次对称轴及与之垂直的 3 个对称面,对应以单向压扁作用为主的构造运动;单斜对称包括一个对称面及与其垂直的一个二次对称轴,是构造岩组中最为常见的一种类型,其对应的构造运动类型为简单的剪切运动,例如褶皱形成时在翼部的层间滑动;三斜对称的岩组图不具备对称面,亦没有对称轴,其代表的运动并非简单的规律运动,可能是单次复杂运动或多次简单运动相叠加所致。

川南地区的 5 个砂岩区的样品中石英光轴等密度图上皆表现出有多个主极密点与次极密点的特征,对称方式为单斜对称,主极密点与次极密点形成不同方向的对称,表明受不同方向构造运动的叠加作用。基于岩石组构研究理论,结合研究区主极密点和次极密点的对称方向(非严格对称),大致可划分出主应力的作用方向、变化趋势或应力强度。

CN-5 砂岩的石英光轴呈一组主极密对称和一组次极密对称,分别对应 NW-SE 向挤压和 NEE-SWW 向挤压,且以 NW-SE 向挤压最为强烈(图 3-11(a))。

CN-17 砂岩的石英光轴呈一组主极密对称和一组次极密对称,分别对应 NE-SW 向挤压和 NW-SE 向挤压,以 NE-SW 方向的挤压应力相对较大(图 3-11(b))。

CN-22 砂岩位于 NW-SE 向帚状构造带南部地区,石英光轴的极密特征为一组主极密对称和一组次极密对称,但与 CN-21、CN-22 砂岩存在一定差异,该砂岩样品点极密特征较 CN-21、CN-22 号砂岩不明显,主极密对称方向转变为 NE-SW 向,次极密对称方向转变为 NW-SE 向,且两组应力强度从岩组图上区分度较差(图 3-11(c))。

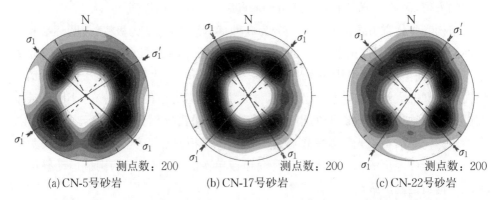

(a) CN-5号砂岩 　　　　(b) CN-17号砂岩 　　　　(c) CN-22号砂岩

图 3-11　NE-SW 向帚状构造带石英光轴方位等密线图(下半球等角距投影)

CN-23 号砂岩呈现明显的一组主极密对称和一组次极密对称,主应力方向呈现 S-N 向和 E-W 向,且以 S-N 向为主要挤压应力方向(图 3-12(a))。

CN-31 号砂岩石英光轴呈一组主极密对称和一组次极密对称,反映应力方向为 S-N 向和近 E-W 向,且 S-N 向为主要挤压应力方向(图 3-12(b))。

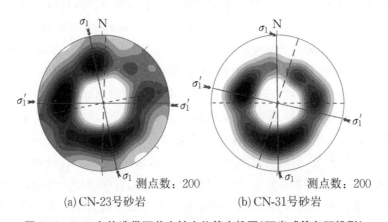

(a) CN-23号砂岩 　　　　　　(b) CN-31号砂岩

图 3-12　E-W 向构造带石英光轴方位等密线图(下半球等角距投影)

综合上述 5 个砂岩样品组特征及反映的应力特征可知,川南地区地质历史过程中经历的应力方向主要为 NW-SE 向与近 S-N 向构造两组,且在区内主要形成了 NW-SE 向帚状构造带与近 E-W 向构造带。同时,部分样品的测试结果反映出多期不同方向应力相互叠加的情况,后期构造应力对前期应力形成的石英晶粒方向进行改造或叠加,进而导致前期晶粒方向发生偏转,因此要进一步准确研究,仍需要结合宏观的区域动力背景才能较科学地反映真实的运动特征。

3.5　川南地区构造演化特征

本书在研究区地质剖面的基础上,进一步结合收集的地震、钻井数据和野外实测地质资料,对川南地区构造特征进行综合性研究,利用平衡剖面恢复手段研究川南地区构造演化发育史。

构造平衡剖面研究是一项极为复杂的工作,涉及地面、地腹众多的复杂地质因素,本节根据构造平衡剖面的一般制作原理,结合川南地区的实际情况,展开以下研究工作。

3.5.1　变形剖面选择

川南地区平衡剖面资料主要包括川南地区 1∶200 000 的中华人民共和国地质图、四川区域地质资料、野外地质实测资料、油气钻井岩层厚度数据。选择剖面线的原则除应达到制作平衡剖面的一般原则外,还满足以下两方面:① 尽量靠近测定的地震测线;② 选择由完整钻井通过的测线。依据这些原则,选择了一条跨越整个川南地区的剖面线,从威远地区经华蓥山断裂带至齐岳山断裂,剖面走向 NE 向,横跨川南低陡褶皱带,全长约 190 km。

3.5.2　变形剖面恢复

3.5.2.1　剖面恢复计算

由于川南地区的岩层可以分为软弱层和强硬层两种,因此所采用的剖面恢复方法结合岩性特征会采用不同的方法进行计算。强硬岩层由于地层变现后岩层厚度、长度变化不大,所以采用等线长度法;软弱岩层由于地层变形后岩层厚度、长度变化大,所以采用等面积法。首先根据整个川南地区各岩层的区域厚度以及剖面附近未变形地层的厚度绘制地层构架,然后从区域剖面开始恢复,逐步将岩层恢复到变形前的位置和水平状态,对变形剖面上的断层同时进行恢复,并确定地表的地层剥蚀线。

3.5.2.2　剖面恢复检查

将已复原的剖面与变形剖面进行对照,进行断层形态检查、线长守恒检查和面积守恒检查。如果复原剖面不能通过各项合理性检验,则剖面不平衡,需修改解释模式,重新编制变形剖面,并再次进行平衡剖面的计算,直至各项检查均达到要求,即说明剖面平衡满足要求。

3.5.2.3　构造演化过程

通过对川南地区构造演化剖面进行恢复(图 3-13)发现:在志留系地层沉积前,研究区地层以水平沉积为主;志留纪末期,受到加里东运动的影响,齐岳山断裂和华蓥山断裂切割基底,形成雏形,地层经历短时期的隆起并受到剥蚀。进入古生代二叠纪,受到海西运动的影响,川南地区继承加里东期的构造形态,华蓥山西部及东部临近区域缺失泥盆系、石炭系,仅在齐岳山断裂以西部分区域沉积有泥盆系及石炭系地层,区域构造控制导致下二叠统假整合于志留系之上。在中晚三叠世,受到印支运动的影响,在强烈的挤压作用下,沿寒武系底部泥页岩出现多条逆冲断层,形成叠瓦构造和双重构造以及对冲和反冲构造。

进入晚侏罗世,大部分背斜受到的早燕山运动的影响较弱,没有出现明显的褶皱现象;位于齐岳山断裂带以西的区域的背斜受到早燕山运动的影响,沿志留系滑脱层发育断层,早白垩世,威远古隆起逐渐开始隆升。在晚白垩世,白垩系沉积后被剥蚀,在晚燕山运动的强烈影响下,大部分背斜沿志留系泥页岩出现多条断层形成断层切穿褶皱、断层传播褶皱以及对冲构造和反冲构造,威远古隆起也发生大幅度隆升,隆升量在 3 000 m 左右(梅庆华,2015)。新生代古近系沉积期,古近系沉积后被剥蚀,受到晚燕山运动的持续影响,沿志留系泥页岩发育多条断层,形成断层切穿褶皱等;进入新近系沉积期,新近系沉积后被剥蚀,受到喜马拉雅运动的影响,背斜的核部常沿下三叠统嘉陵江组膏岩层发育数条逆冲断层,对背斜核部地层进行改造。之后地表进一步遭受剥蚀改造,形成现今地貌形态。

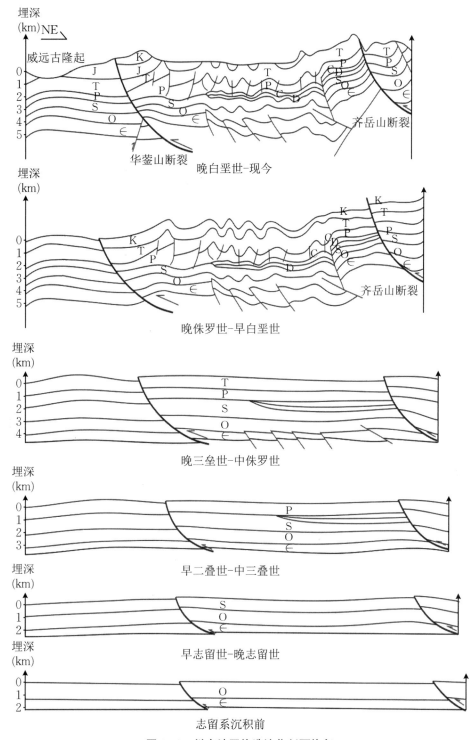

图 3-13 川南地区构造演化剖面恢复

3.6 川南地区构造变形机制分析

3.6.1 构造应力场演化特征

四川盆地地处中国中部,印支运动以来,来自古日本海板块、太平洋板块、菲律宾海板块、特提斯洋板块、印度板块与欧亚大陆相互碰撞而形成的不同时期多个方向的构造应力(图 3-14)必然反映到盆地的构造事件中来。川中地区由四川盆地内部刚性基底构成,来自于江南古陆的向西扩展部分,其前缘坳陷向内侧迁移,褶皱运动自东而西逐期加强,盆地东南边界向后收缩等,动力来源于古日本海板块、太平洋板块和菲律宾海板块的俯冲作用。我国中部地区的基底由一套强磁性的酸-基性岩浆岩及深变质岩组成,刚性强、隆起高,为盆地稳定基底。川南地区基底由弱磁性的浅变质岩组成,属柔性基底,当其受到侧向挤压时,较之刚性基底更易变形,褶皱强烈。川中地区刚性基底对于来自不同板块之间的挤压起着阻隔或缓冲作用,造成了盆地内多种特征的构造样式。当挤压力通过基底和沉积盖层继续向盆地中部传导时,因受阻于川中刚性基底而形成的反作用力又会反过来作用于川

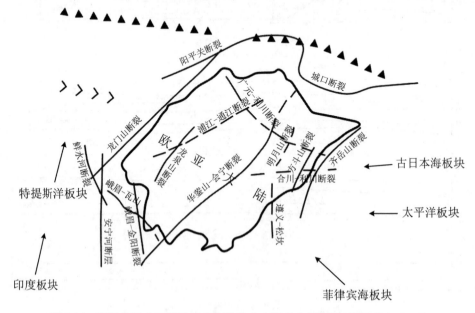

图 3-14 四川盆地上三叠统以来构造应力来源分布示意图(据操成杰,2005)

东和川西地区,这样挤压应力更集中,或沿早期断裂形成褶皱紧密的高背斜带,特别是以 NE-SW 向为主体的线型褶皱发育,或沿断裂发生扭动形成雁行排列的背斜群。

川南构造带在平面上显示为帚状构造。印支期后,川南地区主要为压扭性,构造样式为帚状构造。动力学研究表明,在挤压应力场作用下,如果没有先存基底断裂的发育,区域变形场是均一的,形成的褶皱在正常情况下,轴面也一致,因此川南构造带的地腹可能发育先存断裂,其褶皱类型符合断层相关褶皱理论(操成杰,2005;窦新钊,2012)。由于基底平移断裂的排列、交接形式不同,在盖层中出现了不同形式的扭动构造的展布格局。在川东中部地区由于基底断裂平行,所以形成的构造样式主要为平行雁列构造,而在川南地区由于基底断裂是有角度的(这与前文探讨基底构造的结论相一致),因此形成了研究区的帚状构造样式。

燕山期齐岳山断裂的逆冲挤压形成川东南地区南部 NE 向褶皱;随着进一步挤压和构造侵位的不均衡性,南川遵义近 SN 向断裂发生左行走滑,川东北地区向川东南地区发生由东向西的构造侵位和挤压作用下形成的近 SN 向褶皱;同时由于泸州古隆起的阻挡和川东南地区地体的相对向南运动,产生反作用力,形成由北向南的反冲,发育 EW 走向的层和褶皱,从而切割、改造原有近 SN 向构造带。这样形成了现今三组走向构造的共存与叠加干涉。

3.6.2 川南地区现今应力场特征

由于地应力方位与井眼崩落及诱导缝的方位关系密切(丁原辰等,2001;唐永等,2018),因此,从直井的 FMI 图像上分析井眼崩落及钻井诱导缝的发育方位可确定最小或最大水平主应力方向。在裂缝发育段,古构造应力多被释放,保留的应力很小,其应力的非平衡性也弱。但在致密地层中古构造应力未得到释放,并且近期构造应力在致密岩石中不易衰减,因而产生了一组与之相关的诱导缝及井壁崩落。诱导缝在成像图上表现为一组平行且呈 180°对称的高角度裂缝,多为羽状特征,这组裂缝的方向即为现今最大水平主应力的方向;井壁崩落在图像上表现为两条 180°对称的垂直长条暗带或暗块,井眼崩落的方位即为地层现今最小水平主应力方位。现今地应力方向的分析可以为压裂和注水等生产措施提供依据。

结合单井测井分析和井壁崩落结果(图 3-15),CN-***井未见明显的诱导缝,井壁崩落也很少。综合分析认为井旁现今最大主应力为 NWW-SEE 向(100°~120°)。龙马溪组上部钙质页岩、粉砂质页岩储层各向异性较强,龙马溪组下段碳质页岩各向异性较弱,适合压裂改造,最大主应力为 NW-SE 向,较稳定。

川南地区现今最大主应力方向(NE-SW)受控于东西部华蓥山断裂体系、齐岳山断裂体系,既体现基底断裂体系的长期活动性,又反映出构造形成于晚燕山期-喜马拉雅期的 NE-SW 向的挤压作用。

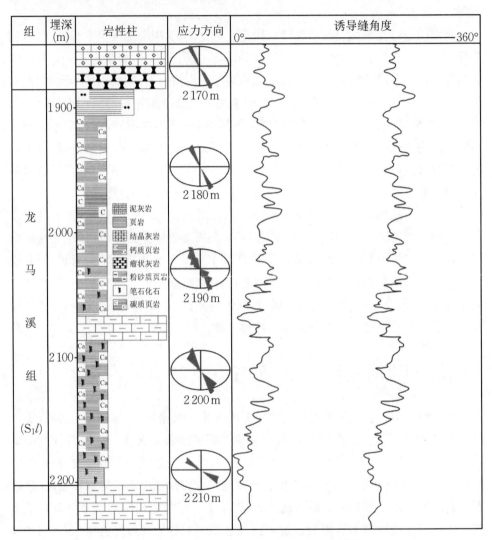

图 3-15 川南地区单井诱导缝及地应力评价图

4 研究区龙马溪组源岩储层特征

页岩气属于典型的"自生自储""连续型"天然气藏。页岩本身既是源岩层,又是储集层,甚至可作为盖层。因此,页岩气的形成、赋存与富集主要取决于原始沉积泥页岩。研究龙马溪组源岩储层特征,是阐明页岩气生成、赋存和富集成藏过程的基础。本章重点研究川南地区龙马溪组发育特征、岩石学特征、有机地化特征及孔隙结构特征四个科学问题。

4.1 龙马溪组发育特征

4.1.1 龙马溪组厚度展布特征

钻井资料与地质露头剖面实测是研究源岩-储层空间发育及展布的基础资料,根据23口钻井资料及4条露头剖面实测资料(表4-1),对川南龙马溪组优质页岩段(总有机碳含量不小于2%)厚度与埋深进行统计分析,研究不同地区龙马溪组厚度与埋深差异性。

4.1.1.1 沉积环境控制下的龙马溪组厚度展布特征

在古地理位置、古气候等外部环境条件下,川南地区下志留统龙马溪组的发育直接受到沉积环境和区域构造演化的影响。龙马溪组为一套底部深水陆棚相与顶部浅水陆棚相组合的沉积地层,底部黑色页岩发育于深水滞留还原环境,有机质丰富,与上奥陶统五峰组呈整合接触,沉积中心位于纳溪-泸州-永川一带,物源区为江南古陆。总体上沉积厚度较大,底部岩性以硅质页岩,黑色-深灰色粉砂质页岩,黑色、灰黑色笔石页岩或碳质页岩为主,局部夹泥质粉砂岩及数层钾质斑脱岩,向顶部逐渐转为灰色、灰绿色页岩,浅灰色粉砂岩及粉砂质页岩,局部夹生物质灰岩。

表 4-1　川南地区钻井揭露志留系厚度与埋深统计表

井名/剖面位置	志留系龙马溪组			数据来源
	埋深(m)	厚度(m)	黑色页岩厚度(m)（总有机碳含量大于2%）	
阳63	3 560	514.5	150	黄金亮等,2012
隆32	3 244.5	524.5	130	黄金亮等,2012
盘1	3 816	536.0	33.5	张林等,2007
自深1	3 576.5	657.0	21	陈尚斌等,2012
阳深1	3 387.5	521.5	95	陈尚斌等,2012
阳深2	3 552	494	120	黄金亮等,2012
桐18	3 950	—	—	马波等,2001
付深1	3 740(未见底)	>357.5(未见底)	>70	黄金亮等,2012
东深1	3 426	619.6	160	黄金亮等,2012
临7	2 640.4	560.4	100.5	黄金亮等,2012
阳9	3 387.5	521.5	—	黄金亮等,2012
五科1	5 259	120	25	张林等,2007
长芯1	147	>147	36	陈文玲等,2013
CN-＊＊＊	2 200.1	108.1	70	收集
双河	0(见底未见顶)	270	>90	实测
小溪村	0	329	218	实测
梅硐	0(见底未见顶)	>159.5	>120	实测
风洞村	0	236	169	实测
宁201	2 526	125	31.3	张译戈,2014
宁203	2 397.3	—	35.3	张译戈,2014
宁208	1 323	—	35.5	张译戈,2014
宁209	3 176	116	39.1	张译戈,2014
宁210	2 243	—	36.5	张译戈,2014
宁211	2 356.8	—	31.8	张译戈,2014
宁212	2 110.6	—	45.6	张译戈,2014
阳1	982	242	112	陈尚斌等,2012
宝1	1 285	135	75	陈尚斌等,2012

受晚志留世末期加里东运动影响,区内志留系遭受抬升剥蚀,上志留统普遍缺失,靠近乐山-龙女寺古隆起区域剥蚀最为严重,部分地区仅保留下志留统龙马溪组底部黑色页岩地层,上志留统基本缺失。至燕山-喜马拉雅期,区内靠近四川盆地南部边缘地区隆升,地层遭受剥蚀,在长宁县珙县背斜构造带上,龙马溪组黑色页岩直接出露地表,厚度相对较小。因此,区内龙马溪组受区域构造演化控制,地层发育厚度表现出区域性差异特征(图 4-1)。

总体上龙马溪组厚度为 108.1~657 m,南部盆地边缘剥蚀区和北部乐山-龙女寺古隆起区域厚度较小,其余地区厚度较大;中东部龙马溪组大部分区域厚度大于400 m,其中长宁-泸州-永川-荣昌区域厚度大于 500 m,富顺-隆昌-长宁-泸州区域厚度超过 600 m,地层厚度分布稳定。

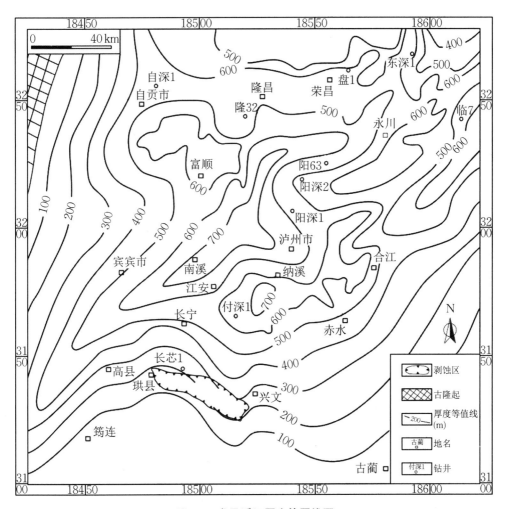

图 4-1　龙马溪组厚度等厚线图

4.1.1.2 优质页岩段(总有机碳含量不小于2%)厚度展布特征

结合国内外页岩气地质特征与开发参数评价,将总有机碳含量不小于2.0%的页岩层段确定为优质页岩段(Curtis et al.,2002;Curtis et al.,2012;Gale et al.,2010;Guo et al.,2015;陈尚斌等,2012;陈旭等,2015;邹才能等,2015;2016;王红岩等,2015;马新华,2017)。结合区域地质、野外调查、钻井统计资料、地震、测井资料和室内测试等综合分析,区内龙马溪组沉积厚度中优质页岩占龙马溪组总厚度的3.2%～71.6%,受区域沉积环境控制,优质页岩段厚度变化较大。结合SE-NW向区域地层连井剖面图(图4-2),可以看出龙马溪-五峰组地层整体厚度相对稳定,呈现南薄北厚的趋势。统计资料表明龙马溪组在研究区最北部的筠连-上罗-叙永一带最厚,在250 m以上,在上罗超过290 m。研究区南部由于受到黔中古隆起的影响,地层厚度向南减薄,其中在芒部海子沟剖面地层厚度减薄到52.95 m,至南部彝良-镇雄-毕节地区地层发生尖灭。龙马溪组下段厚度为21～218 m,在长宁小溪村剖面最厚,达到218 m,研究区南部宁201、古蔺等地区厚度超过30 m。

龙马溪组上段地层厚度展布特征与下段明显不同,在研究区呈现出两个沉积中心,其中在研究区中西部的盐津黄果树-盐津李家湾-彝良牛街-宝1井、东北部的昭102井-阳1井-叙永一带及其北部大片区域地层相对较厚,主要介于150～175 m之间。

4.1.2 龙马溪组埋深特征

龙马溪组底界埋深受区域构造活动影响较为严重,印支期泸州古隆起的形成和燕山-喜马拉雅期隆起抬升剥蚀等构造活动使盆地边缘地区和隆起抬升区地层遭受剥蚀,因龙马溪组埋深相对较小,在部分剥蚀严重地区,龙马溪组的部分地区甚至出露地表;古隆起与古隆起之间为凹陷带,埋深相对较大,因而龙马溪组底界埋深受构造影响,差异较大。

根据钻孔资料统计与野外地质工作分析结果绘制龙马溪组底界埋深图(图4-3)可以发现,区内下志留统龙马溪组底界埋深小于5 259 m,地表露头位于长宁南部地区,珙长背斜周缘及盆地南缘地区埋深小于2 000 m,其中,长宁、南溪和宜宾三地所夹区域、赤水和古蔺之间区域等小范围底界埋深大于4 000 m;其余地区埋深在3 000 m左右。

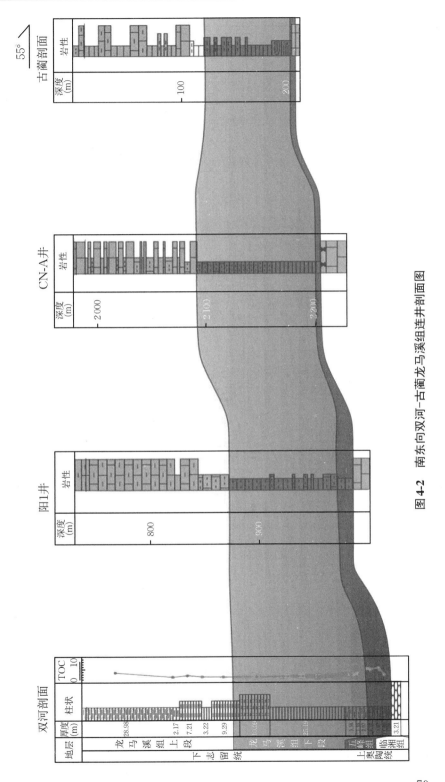

图 4-2　南东向双河-古蔺龙马溪组连井剖面图

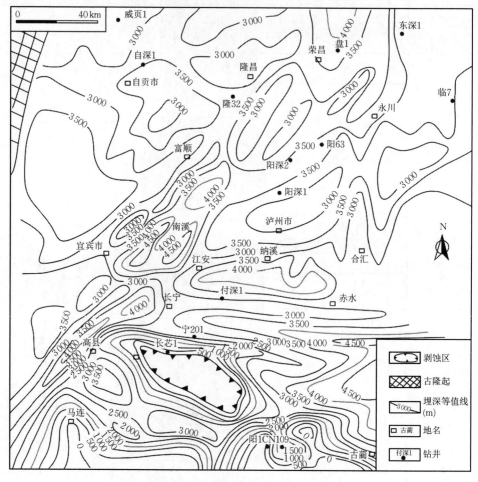

图 4-3 龙马溪组底界埋深等值线图

4.2 储层岩石学特征

4.2.1 岩相组合特征

通过野外观测及显微镜观测发现川南地区海相龙马溪组黑色岩系主要由富有机质页岩、硅质页岩、钙质页岩、粉砂质页岩、炭泥质页岩等组成。页岩成分的差异导致地层岩性发生变化,炭质含量较高时,颜色以黑色、深灰色为主;钙质、硅质或砂泥质含量较高时,颜色以浅灰色为主;而炭质成分常与泥质、粉砂质成分形成页岩特殊的纹层状构造。显微镜观测发现页岩中碎屑颗粒以粉砂级碎屑为主,呈次棱角状-次圆状,分选好,矿物成分主要为石英、长石、云母及岩屑矿物,成熟度偏低。

4.2.1.1　黑色富有机质页岩

富有机质页岩广泛发育于龙马溪组中下部,是页岩气勘探的主体层位,矿物成分以伊-蒙混杂黏土矿物为主,有机质含量高,镜下可见明显的有机质纹层状构造,一般形成于缺氧、富硫化氢的深水陆棚区(图4-4(a))。

4.2.1.2　硅质页岩

硅质页岩主要发育于龙马溪组下段,局部二氧化硅含量可达80%以上,碳酸盐矿物含量较低,岩性致密,且硅质页岩硬度明显大于普通页岩,以生物成因硅为主(图4-4(b))。

4.2.1.3　钙质页岩

钙质页岩主要发育于龙马溪组中上部,碳酸钙含量不超过50%,矿物成分以伊利石混杂黏土矿物为主,方解石颗粒均匀分布,粉砂质-泥质层状富集。纹层状构造发育,钙质层或含钙质较高的黏土层与黏土矿物层形成明暗交替的纹层状构造,可见黄铁矿颗粒及生物化石碎片(图4-5)。

4.2.1.4　粉砂质页岩

粉砂质页岩主要发育于龙马溪组中上部,炭质层与粉砂质薄层互层分布,碎屑颗粒含量为20%～40%,有机质含量低,成分以石英为主。发育水平层理,粉砂层与泥质层形成明暗交替的纹层状构造,粒状黄铁矿不均匀分布(图4-6)。

4.2.1.5　炭泥质页岩

炭泥质页岩主要发育于龙马溪组下部,含大量炭化有机质,有机碳含量为2%～13%。炭泥质页岩页理发育,镜下观察具泥状结构,在薄片上只有细粒石英颗粒呈斑点状分布其间,主要矿物有石英、长石、云母和黏土矿物,含黄铁矿及少量钙质成分,主要形成于富含笔石和藻类的低能静水环境(图4-7)。

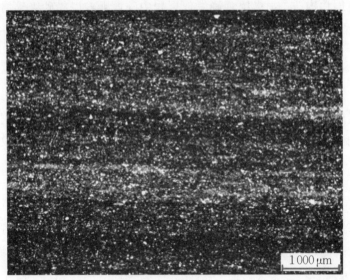

(a) 富有机质页岩

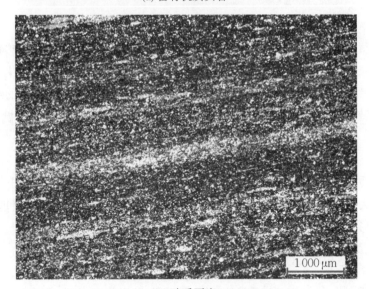

(b) 硅质页岩

图 4-4　龙马溪组富有机质页岩及硅质页岩

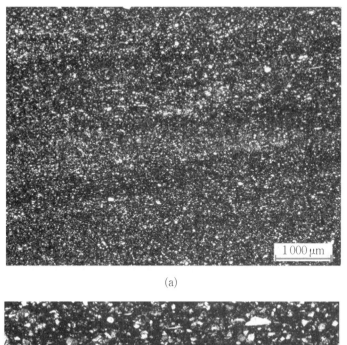

(a)

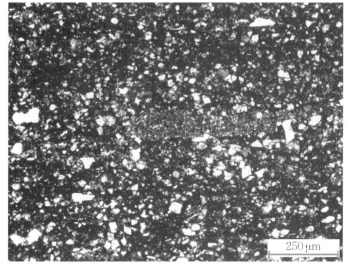

(b)

图 4-5　龙马溪组钙质页岩

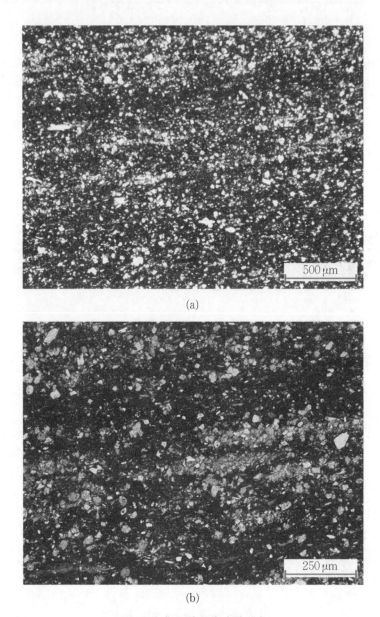

(a)

(b)

图 4-6　龙马溪组粉砂质页岩

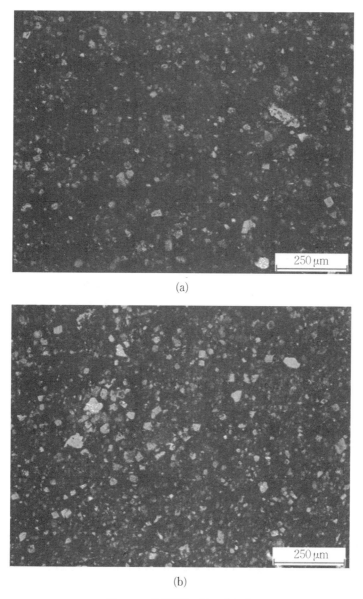

(a)

(b)

图 4-7   龙马溪组炭泥质页岩

4.2.2　矿物组合与含量

　　泥页岩的成岩过程、基本组成成分、微结构及其基本物理特性是研究页岩气储层的基础。泥页岩中各种矿物提供了不同的孔裂隙类型,对页岩气的赋存状态有着极其明显的控制作用;同时,泥页岩的矿物组成特征也是评价页岩气开发(压裂过程)难易程度的重要指标。

　　本次样品为新鲜野外露头岩样,包含五峰组及龙马溪组共计 20 块,样品 X 射线衍射(XRD)测试由中石化华东分公司实验研究中心完成,采用日本理学 Ultama Ⅳ型 X 衍射仪,Cu 靶,步进连续扫描,扫描速率 4°/min,管电压 40 kV,管电流 40 mA,采用 K 值法进行定量分析(GB 5225—86)。

　　全岩 XRD 测试结果表明(图 4-8),川南地区龙马溪组海相页岩矿物组分较复杂,包括石英、黏土矿物、长石、方解石、黄铁矿、白云石等矿物,矿物组成以石英及

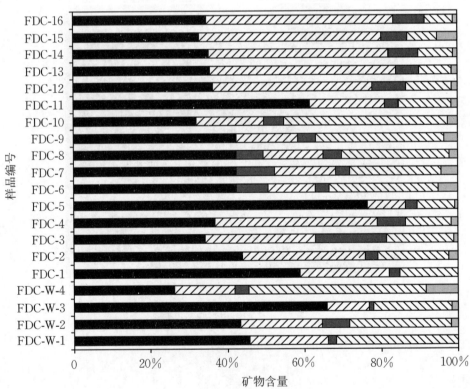

图 4-8　页岩样品矿物组成含量分布

黏土矿物为主,含少量的黄铁矿、白云石等。石英含量为 26.2%～76.1%,平均 44.72%,黏土矿物含量为 10.2%～48.9%,平均 26.74%,长石含量为 0.9%～ 18.4%,平均 5.65%,碳酸盐含量为 7.6%～31.7%,平均 21.01%,黄铁矿含量为 小于 5.4%。页岩矿物组成和分布主要受沉积环境、物源及成岩作用等因素的控制,垂向上五峰组-龙马溪组 20 块样品中石英、长石、黏土矿物含量变化幅度较大 (图 4-9),体现了页岩垂向上具有较强的非均质性。底部 14 块样品石英含量较高, 黏土含量较低,向上岩性发生变化,石英含量相对减小,黏土矿物含量增高,表现出 黏土矿物由底向顶逐渐增高的趋势。碳酸盐岩具有明显递减趋势,碳酸盐含量逐 渐减少往往反映出一个海平面下降的过程;底部样品黄铁矿含量较高,体现了洋底 硫化强还原环境,随着水体变浅还原强度有所减弱。

　　岩石脆性指数(Brittleness Index)作为页岩气储层评价中的一个重要的参数, 影响着页岩气压裂和开采效果(Jarvie et al.,2007;邹才能等,2010)。但对页岩脆 性矿物成分的划分没有统一标准:如北美地区习惯利用石英在总矿物中的比重 (Delph et al.,2008;刁海燕,2013);有的采用石英、长石和碳酸盐矿物之和在总矿物 中的比重(陈吉等,2013);有的采用石英、白云石、黄铁矿之和在总矿物中的比重 (张晨晨等,2016);还有部分学者认为除黏土以外的矿物都能用来表征岩石脆性 (秦晓艳等,2016)。由于黄铁矿杨氏模量为 305.32 GPa,泊松比为 0.15,具明显脆 性条件,而且川南地区龙马溪组页岩普遍发育黄铁矿,平均含量 2.59%,所以笔者 在表征岩石脆性指数时选择石英、长石、方解石、白云石、黄铁矿作为计算依据,相 应的计算公式如下:

$$BI = \frac{\omega_{石英} + \omega_{长石} + \omega_{碳酸盐矿物} + \omega_{黄铁矿}}{\omega_{总}} \times 100\%$$

计算结果表明,研究区五峰组-龙马溪组页岩样品的脆性指数均较高,介于 0.51～ 0.89 之间,平均为 0.73,主要集中在 0.7～0.9(图 4-10),说明龙马溪组海相页岩 整体上具有良好的脆性和可压裂性,龙马溪组具有较高的石英含量和相对较低的 黏土矿物含量,这有利于本区海相页岩气开采的压裂改造。

　　同时,岩石矿物成分三角图也能反映岩石储层特征,构建川南地区龙马溪组页 岩中脆性矿物、黏土矿物及碳酸盐矿物的三角岩相图(图 4-11),表明该地区矿物成 分主要集中在易于压裂改造的脆性矿物区域,这有利于后期人工压裂造缝。

　　进一步分析龙马溪组页岩的黏土矿物成分,结果表明黏土矿物主要包括伊利 石、伊蒙混层、绿泥石(图 4-12),部分样品含有少量高岭石,所有样品均不含蒙脱 石。样品中伊利石含量为 51%～85%,平均为 66.25%,伊蒙混层含量为 7%～ 43%,平均 26.15%,绿泥石含量为 1%～19%,平均 8.8%,仅有两个样品含有 微量高岭石。

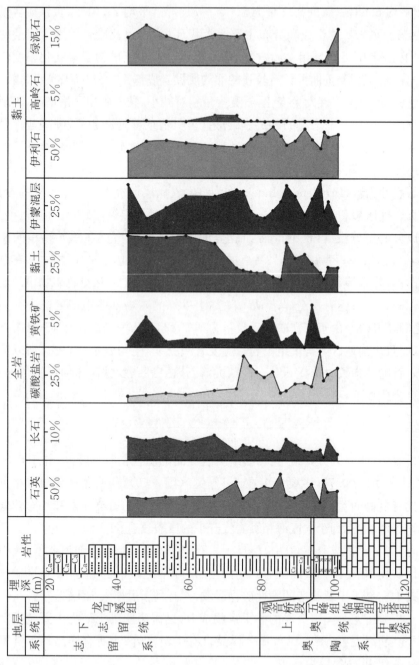

图 4-9 凤洞村剖面全岩及黏土矿物垂向变化

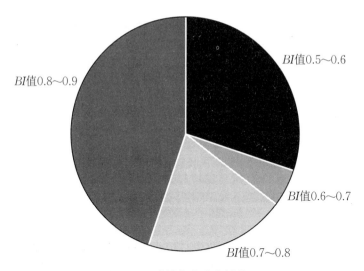

图 4-10　脆性指数分布饼状图

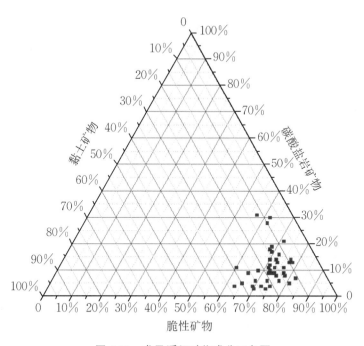

图 4-11　龙马溪组矿物成分三角图

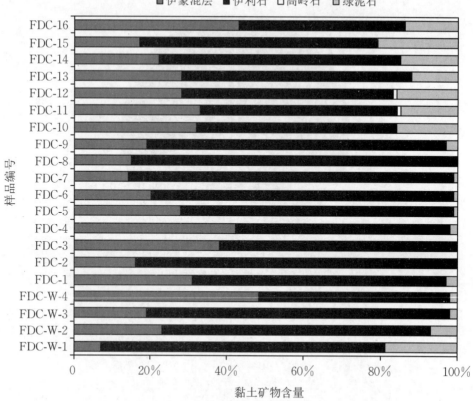

图 4-12　页岩样品黏土矿物组成含量分布

　　垂向上各黏土矿物组成变化趋势不明显,伊利石与伊蒙混层含量较高,以伊利石占主导,两者具有互补特征。成岩作用是影响页岩岩储层黏土矿物含量垂向变化的主要因素(王行信等,2002),在成岩过程中,伊蒙间层矿物不断地向伊利石转化,研究区龙马溪组的成熟度均大于 2%,处于晚成岩阶段 B 期,因蒙脱石向伊蒙混层和伊利石转化,所以此阶段以富含伊利石、伊蒙混层和绿泥石,不含高岭石为特征。

4.3 储层有机地化特征

4.3.1 有机质类型

有机质类型是烃源岩评价的重要指标之一,不同母质形成不同的有机质,不同的有机质类型生烃潜力及产物各异,其干酪根的性质及生油气潜能也存在很大差异。目前,分析有机质类型的常用手段包括干酪根镜下鉴定、岩石热解参数分析、碳同位素分析和可溶沥青分析等方法,依据干酪根中 C、O、H 元素的分析结果,结合黄第藩等(1984)、王铁冠等(1994)对干酪根显微组分及同位素的研究结果,将干酪根类型划分为 3 类 4 种类型:即 Ⅰ 型——腐泥型、Ⅱ 型(Ⅱ₁——腐殖腐泥型、Ⅱ₂——腐泥腐殖型)和 Ⅲ 型——腐殖型(表 4-2)。

表 4-2 有机质类型划分标准(据黄第藩等,1984;王铁冠等,1994)

有机质类型	干酪根 $\delta^{13}C$(‰)	TI	产油气性质
腐泥型 Ⅰ	<−29	>80	产油为主
含腐殖腐泥型 Ⅱ₁	−29～−27	80～40	油气兼产
含腐泥腐殖型 Ⅱ₂	−27～−25	40～0	
腐殖型 Ⅲ	>−25	<0	产气为主

(1)Ⅰ型干酪根

主要含类脂化合物,具有较多的直链烷烃,很少有多环芳烃及含氧官能团,以高氢低氧为特征,主要来源于藻类沉积物,也有可能由细菌改造的各种有机质形成,每吨生油原岩可生成的油约为 1.8 kg,具有很大生油潜能。

(2)Ⅱ₁/Ⅱ₂型干酪根

含较多中等长度的直链烷烃和环烷烃,具有多环芳烃及杂原子官能团,氢含量比 Ⅰ 型干酪根略低,为高度饱和多环碳骨架,主要来源于海相浮游生物、微生物,每吨生油原岩可生成的油约为 1.2 kg,具有中等生油潜能。

(3)Ⅲ型干酪根

主要为多环芳烃及含氧官能团,饱和烃很少,为低氢高氧含量。主要来源于陆地高等植物,不利于生油,但如果埋深足够,也可作为生气来源。

对于龙马溪组,其热演化程度较高,岩石最大热解高温不明显,且随着演化程度的升高,H/C、O/C增加为必然的趋势,不同有机质类型的热解参数趋于重叠,以岩石热解法划分高成熟度有机质类型的准确性不高。因样品为剖面露头样品,所以在分析龙马溪组有机质类型时采用了碳同位素分析为主、镜下鉴定为辅的分析方法。

结合前人测试数据及本次实测结果,判定川南地区龙马溪组泥页岩有机质类型以 I-II$_1$ 型为主(表 4-3)。

表 4-3　川南地区龙马溪组泥页岩有机质类型

地区	有机质类型	数据来源
长宁双河、重庆秀山	I 型为主 II$_1$ 次之	实测
川东南	I 型为主 少量 II 型	余川等,2012
川南地区	I-II$_1$	李贤庆等,2013
威信	I-II$_1$	梁兴等,2011

对龙马溪组页岩气气体组分中 $\delta^{13}C_1$、$\delta^{13}C_2$、$\delta^{13}C_3$ 的同位素测试表明(表 4-4),$\delta^{13}C_1$ 为 $-30.7‰\sim-28.4‰$,平均值为 $-29.75‰$,$\delta^{13}C_2$ 为 $-35.9‰\sim-33.5‰$,平均值为 $-34.53‰$,$\delta^{13}C_3$ 分布范围在 $-38.4‰\sim-34.2‰$,平均值为 $-36.7‰$,天然气由干酪根组分直接裂解生烃,赋存于泥页岩储层中。

表 4-4　龙马溪组气体组分碳同位素结果

层位		$\delta^{13}C_1$	$\delta^{13}C_2(‰)$	$\delta^{13}C_3(‰)$
龙马溪组	范围	$-30.7‰\sim-28.4‰$	$-35.9‰\sim-33.5‰$	$-38.4‰\sim-34.2‰$
	平均值	$-29.75‰$	$-34.53‰$	$-36.7‰$

注:数据引自秦华等,2016。

4.3.2　有机质丰度

有机质作为油气生成的物质基础,其丰度是烃源岩评价的重要内容。通过成熟演化提供的气源以及通过生成有机酸、烃类气体等方式增加或有效保存储层中的微孔缝,是决定暗色页岩储层发育程度的重要因素。在其他条件相近的前提下,岩石中有机质丰度越高,生烃能力越高。

本书以总有机碳含量表征龙马溪组页岩的有机质丰度,对川南及临区龙马溪组 22 个岩芯样品和 106 个岩石露头样品进行测试,发现龙马溪组页岩总有机碳含量总体较高,为 $0.50\%\sim9.93\%$,平均为 2.95%,其中总有机碳含量大于 2.0% 的占总数的 62.50%(图 4-13)。

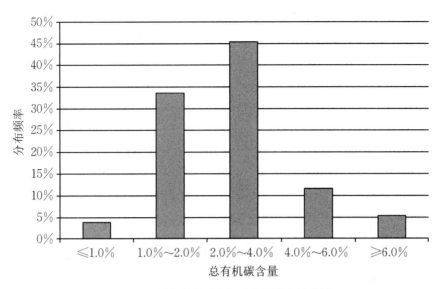

图 4-13 川南及临区有机碳含量分布柱状图

结合钻孔岩芯总有机碳含量垂向分布图(图 4-14),垂向上龙马溪组表现出较强的非均质性,由底部向顶部总有机碳含量逐渐降低,龙马溪组底部总有机碳含量均大于 2.0%,厚度为 32.3 m,这反映川南地区龙马溪组下段可作为优质源岩储层段。

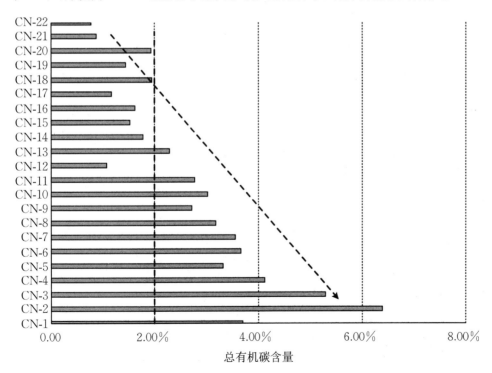

图 4-14 CN-*井龙马溪组有机碳含量垂向分布图**

4.3.3　有机质成熟度

有机质成熟度是有机物向碳氢化合物转变的一个衡量指标,用于判断有机质生烃的不同阶段。通过测定有机质成熟度可以预测页岩的生烃潜能,它是页岩气储层评价的重要指标之一。沉积有机质在埋藏过程中经历一系列地质演化作用,与介质环境相适应并与无机矿物相互作用,其生烃演化及产物具有明显的阶段性,可根据其性质变化划分有机质的生烃演化阶段。根据镜质组反射率 R_o 与有机质演化阶段有良好的对应关系,且不同光性标志均有相应公式换算为等效镜质体反射率,因此在页岩气研究中多采用该参数表征成熟度。对川南地区常规油气烃源岩热演化程度的研究表明,该地区的干酪根类型以 I-II_1 为主,对应的有机质可以划分为以下 4 个阶段:

① $R_o < 0.5\%$ 为未成熟阶段,这个阶段有机质在厌氧生物的作用下,产生一些 CO_2、H_2O、CH_4 等及少量的凝析油,属于生物成气阶段;

② $R_o = 0.5\% \sim 1.3\%$ 为成熟阶段,属于生油阶段;

③ $R_o = 1.3\% \sim 2.0\%$ 为高成熟阶段,属于湿气阶段,同时伴有凝析油的产出;

④ $R_o > 2.0\%$ 为过成熟阶段,属于干气阶段,天然气成分以甲烷为主,同时伴有少量的凝析油。

可见有机质只有到一定成熟阶段才可生成大量油气,根据美国五大产气页岩的研究可知,页岩层中的有机质达到生烃标准($R_o > 0.4\%$)就可以生成一定量的天然气。对热解成因气藏而言,进入成熟阶段即可有伴生气随石油生成,并随成熟度的升高,热解、裂解天然气大量生成,累计生气量增加,虽然因三种有机质类型不同,生气量存在差异,但对于成熟-高过成熟的富有机质泥页岩而言,无论何种有机母质均有足够的天然气形成。

近年来有研究表明,拉曼光谱测定结果中的 D 峰和 G 峰信息可以直接反映地质样品中含碳固体有机质的热演化程度(Beyssac et al.,2002;Court et al.,2007;Ronald et al.,2014;何谋春等,2004;杨潇等,2008;刘德汉等,2013)。本书在研究川南地区龙马溪组泥页岩成熟度时,选择激光拉曼光谱测定,采用刘德汉等(2013)提出的以拉曼峰高比参数作为计算方法来表征样品的热演化结,公式如下:

$$R_o = 1.165\,9h\frac{h_D}{h_G} + 2.758\,8$$

式中,h 为拉曼峰高。

测试结果显示,川南地区龙马溪组页岩演化程度较高(表 4-5、图 4-15),按照 Tissot 生油理论,均达到了以生干气为主的过成熟演化阶段,这与美国 Arkoma 盆地 Fayetteville 页岩成熟度(整体 R_o=1.2%~4.2%,主产区 R_o=2.0%~3.5%)相近,一定程度上反映出川南地区同样具有良好的页岩气产出潜力。

表 4-5 川南地区龙马溪组泥页岩成熟度一览表

样品	成熟度	h_D	h_G	成熟阶段	样品编号
	3.46	21 029.30	34 995.14	过成熟	MD-2
	3.52	3 753.70	5 744.38	过成熟	FDC-W-1
	3.48	4 320.99	6 956.22	过成熟	FDC-W-2
龙马溪组	3.55	11 257.97	16 649.48	过成熟	FDC-16
黑色页岩	3.65	13 580.26	17 787.36	过成熟	XXC-3
	3.64	12 087.16	16 068.80	过成熟	XXC-5
	3.60	16 145.74	22 333.22	过成熟	XXC-7
	3.63	14 550.59	19 477.56	过成熟	XXC-15

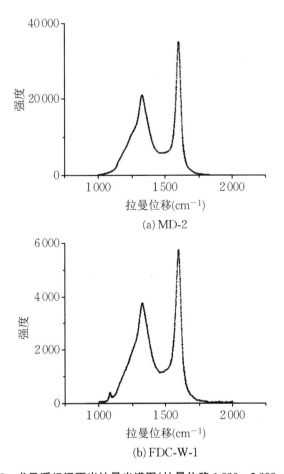

(a) MD-2

(b) FDC-W-1

图 4-15 龙马溪组泥页岩拉曼光谱图(拉曼位移 1 000~2 000 cm⁻¹)

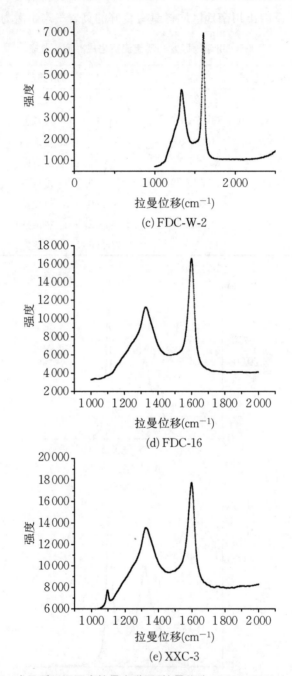

(c) FDC-W-2

(d) FDC-16

(e) XXC-3

图 4-15 龙马溪组泥页岩拉曼光谱图(拉曼位移 1 000～2 000 cm^{-1})(续)

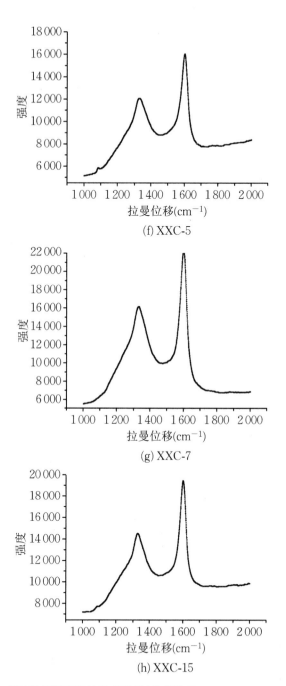

(f) XXC-5

(g) XXC-7

(h) XXC-15

图 4-15 龙马溪组泥页岩拉曼光谱图(拉曼位移 1 000～2 000 cm⁻¹)(续)

4.4 储层孔隙特征

页岩有明显区别于其他油气储层的孔隙特征,页岩储层中的孔隙具有分布范围广、类型多的特点。在对页岩储层进行表征时,单一的测试方法往往受测量原理的限制导致不能很好地反映页岩的孔隙特征(Bustin et al.,2008)(图 4-16)。因此,在研究页岩储层的孔隙特征时,常结合多种方法才能够对页岩孔隙特征实现有效表征。Bustin 等(2008)建议对页岩中直径小于 2 nm 的孔隙使用低温 CO_2 气体吸附法测量,2~50 nm 之间的孔隙使用低温 N_2 吸附法测量,而大于 50 nm 的孔隙使用高压压汞法测量。该孔隙大小的分类与国际化学应用联合会(IUPAC)对化学物质的孔隙大小分类一致(Chalmers et al.,2012;Wang et al.,2016),因此,本书采用该标准对页岩储层孔隙特征进行研究。

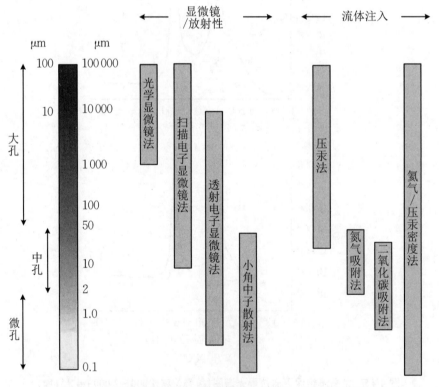

图 4-16 不同孔隙检测方法的测量范围(据 Bustin et al.,2008)

4.4.1　龙马溪组页岩孔隙形貌研究

页岩微观孔隙是油气储存的重要赋存空间,孔隙结构的精细表征是选取勘探有利区和评价资源潜力的重要依据。页岩孔隙尺度分布广,孔隙形貌复杂多样,非均质性强,借助高分辨率扫描电镜可以清晰地观测到页岩中发育的孔隙形貌特征。在扫描电镜下可见大量微观孔裂隙分布在脆性矿物、黏土矿物和有机质孔中,孔径范围从几纳米至几十微米不等,以板状、似蜂窝状等不同形貌分布于岩石表面,可为甲烷分子提供大量的赋存空间。

本次实验在江苏地质矿产设计研究院开展,运用氩离子抛光技术和场发射环境扫描电子显微镜(FEI Quanta 200F),同时配合 EDAX 能谱仪使用。

目前,对富有机质泥页岩中孔隙类型特征的分类尚未有统一标准,本书考虑到川南地区富有机质页岩沉积、演化以及有机地化等方面的特殊性,并基于对页岩微观孔隙结构形态的观察和描述,将页岩微观孔隙划分为有机质孔、粒内孔、粒间孔及微裂缝四大类(表4-6)。

表 4-6　页岩微观孔隙类型划分

孔隙类型	存在位置	平均孔径(nm)/计算样本数	特征简述
粒间孔	脆性矿物边缘 黏土矿物粒间	216.01/247	沉积时颗粒支撑 沉积时黏土矿物颗粒支撑
粒内孔	粒内溶蚀 晶体内 黏土矿物粒内	116.75/1 996	矿物易溶部分溶蚀形成的粒内孤立孔隙 黄铁矿晶体间发育粒内孔 片状黏土颗粒通过静电聚集形成与粗颗粒相当的状态
有机质孔	生物成因 有机质内部	31.42/1 880	生物遗体的空腔或与生物活动有关的产物 生烃后有机质体积缩小及气体排出
微裂缝	成岩收缩缝 构造裂缝	裂缝宽度分布范围广	成岩过程中脱水、干裂或重结晶形成于不同矿物或矿物与有机质之间 构造作用形成矿物间、层间微裂缝

注:孔隙类型基于场发射扫描电镜结果进行分类,主体发育孔径相关数据引自付常青,2017。

4.4.1.1　有机质孔

有机质孔是页岩中非常发育的一类孔隙,其发育结构特征对页岩气赋存富集有着至关重要的影响。有机质孔主要为页岩中主体由有机质构成的孔隙,其本身也属于粒内孔。研究发现,龙马溪组页岩中有机质主要有两种赋存方式:分散和聚集。而有机质孔隙的发育形态和规模受两种赋存方式的影响明显。聚集有机质孔隙的发育形态多样,包含蜂窝状、狭缝状、椭圆形和圆形等。分散有机质主要与黄铁矿共生,在接触边缘发育孔隙。有机质孔隙的成因主要包含生烃作用以及有机生物本身的骨架结构。有机质生烃孔隙主要与有机质成熟度相关,孔隙形态多为蜂窝状、圆形或椭圆形,均质性强。通过对有机质孔隙的扫描电镜图像进行处理统计分析可知,其孔径多介于 11.17～1152.97 nm 之间,平均孔径为 76.33 nm(图 4-17)。

4.4.1.2 粒间孔

粒间孔主要为不同矿物颗粒的接触边缘或在同种矿物颗粒之间形成的孔隙。龙马溪组页岩粒间孔主要由石英、黏土矿物、长石和黄铁矿之间互相支撑接触形成。同时,薄片状或纤维状伊利石层间易发育明显的狭缝型或楔形粒间孔,形成类似"纸房"的结构。总体而言,粒间孔的形状通常为多角形、短线形或如"之"字形沿边缘展布,其连通性较好,可以互相连通或连接有机孔或粒内孔形成孔喉网络,在一定程度上起到微裂缝的作用。粒间孔孔径为 18.44～7 863.29 nm,平均孔径为 350.91 nm。该类孔隙另一大特点是孔径受深埋应力作用影响明显,随深埋压实孔径减小,且孔隙的展布往往具有一定的方向性。该类型孔隙发育最为普遍(图 4-18)。

4.4.1.3 粒内孔

页岩储层中的粒内孔多发育在可溶解矿物和黄铁矿晶体中,主要有矿物粒内溶蚀孔、与干酪根热解有关的有机质孔及与生物成因孔(藻类、笔石化石等)等。溶蚀孔由干酪根热解过程中的脱碳酸基作用使得部分化学易溶蚀性矿物颗粒发生化学溶解形成,形状不规则、分布零星,连通性较差,为相对孤立的孔隙。

粒内孔孔径在 13.06～3 904.24 nm 之间,平均孔径为 137.24 nm。在酸性水介质条件下,易由碳酸盐岩矿物发生溶蚀作用形成,以长石及方解石溶蚀孔最为常见。其特点是发育在颗粒内部,数量众多,呈蜂窝状或分散状。

次生溶蚀孔隙的孔径多为 0.02～0.08 mm,少数为 0.08～0.50 mm,连通性变化较大,对页岩气储集的贡献不大。另一方面,由于粒内孔主要存在于石英、长石和碳酸盐岩等脆性矿物中,在后期开发压裂过程中易形成诱导裂缝,会互相交织沟通,提高了渗流能力,因此该类孔隙的可塑性强,为后期页岩渗流的重要通道(图 4-19)。

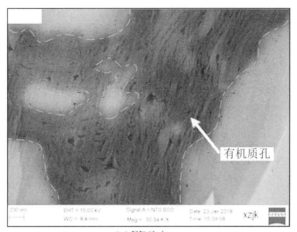

(a) FDC-4

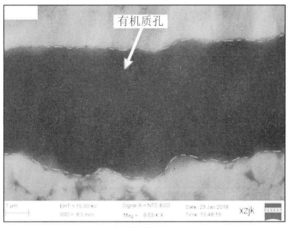

(b) FDC-4

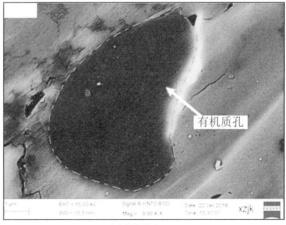

(c) FDC-4

图 4-17 有机质孔扫描电镜

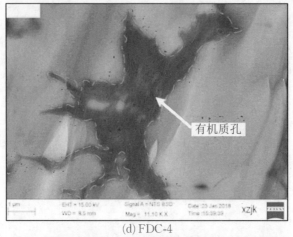

(d) FDC-4

(e) FDC-3

(f) FDC-13

图 4-17　有机质孔扫描电镜(续)

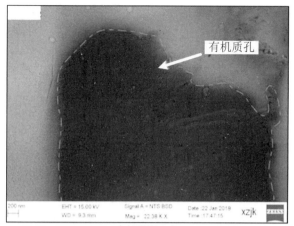

(g) FDCw-2

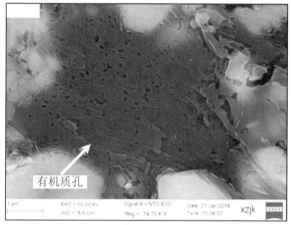

(h) XXC-5

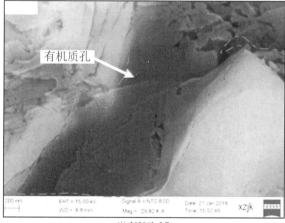

(i) XXC-15

图 4-17 有机质孔扫描电镜(续)

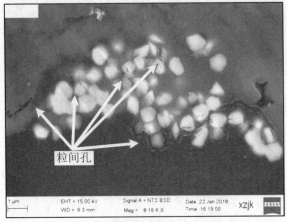

(a) FDC-3

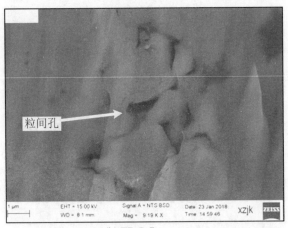

(b) FDC-7

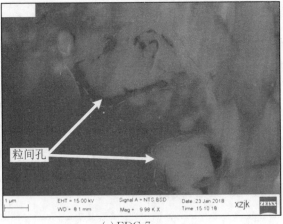

(c) FDC-7

图 4-18　粒间孔扫描电镜成像

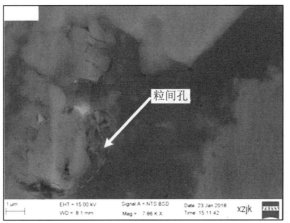

(d) FDC-7

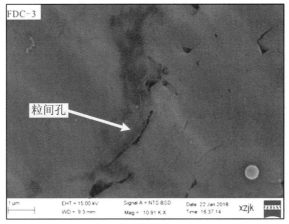

(e) FDC-3

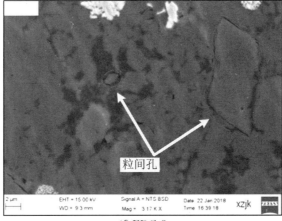

(f) FDC-3

图 4-18 粒间孔扫描电镜成像(续)

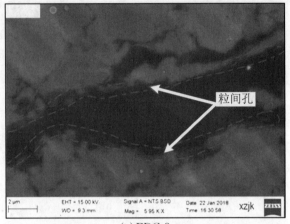

(g) FDC-3

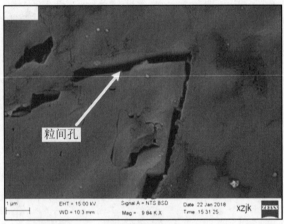

(h) FDC-4

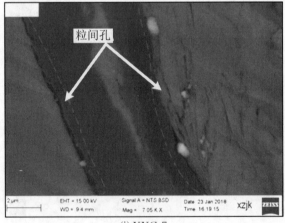

(i) XXC-7

图 4-18　粒间孔扫描电镜成像(续)

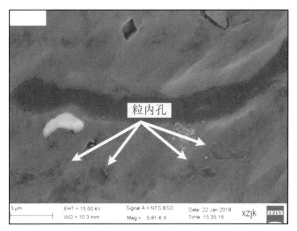

(a) FDC-4

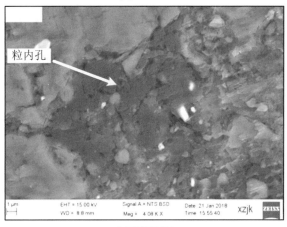

(b) XXC-15

(c) XXC-15

图 4-19 粒内孔扫描电镜成像

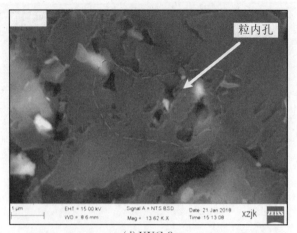

(d) XXC-3

(e) XXC-7

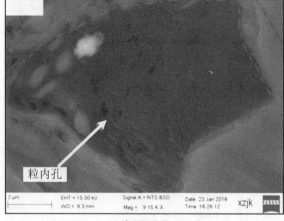

(f) XXC-7

图 4-19　粒内孔扫描电镜成像(续)

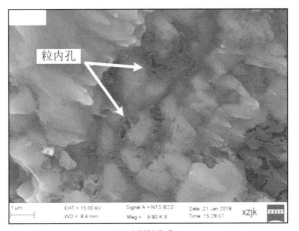

(g) XXC-5

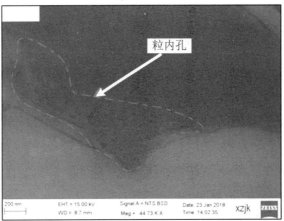

(h) FDC-1

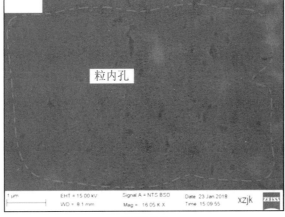

(i) FDC-7

图 4-19　粒内孔扫描电镜成像(续)

4.4.1.4 微裂缝

页岩中的微裂缝可以分为成岩过程形成的收缩缝以及成岩后形成的构造微裂缝。成岩收缩缝通常较小,宽度在数十纳米至数百微米之间,位于黏土矿物片层之间或有机质与黏土矿物片层之间。成岩后期形成的构造微裂缝常切穿矿物颗粒或形成共轭微裂缝,裂缝之间相互切割或者互相限制,宽度范围较大(图4-20)。页岩储层中微裂缝的发育对改善天然气在储层中的运移流动有促进作用。

基于氩离子抛光扫描电镜(SEM)的观察结果,下古生界龙马溪组页岩样品中存在多种不同成因类型的微米-纳米级孔隙,发育的微观孔隙类型有粒内孔、粒间孔、晶间孔和有机质孔,其中以粒间孔和有机质孔最为发育,提供了页岩气赋存的主要空间。

作为影响页岩生烃的主要孔隙类型,通过定量计算页岩中有机质孔的面孔率分布范围可以有效表征其发育类型。本书利用 Matlab 程序对扫描电镜获得的大量页岩灰度图像进行孔隙与矿物成分的灰度分界阈值计算后得到有机质面孔率分布区间及平均有机质面孔率(表4-7)。有机质孔的面孔率值受干酪根类型、矿物组分、抛光程度、扫描电镜拍摄位置、拍摄光照强度以及对比度等因素影响。

进一步对比分析页岩 SEM 灰度图像(图4-21)和伪彩色增强图像(图4-22),可发现储层孔裂隙位于 SEM 伪彩色增强图的条纹区域内,矿物主要在网格区域。从增强后的图像可以看出孔隙具有多样性,部分孔隙之间连通性较好,有利于油气的赋存与聚集。通过伪彩色增强处理 SEM 电镜图像并对 Matlab 程序计算的面孔率与页岩成熟度进行相关性拟合(图4-23),可以发现,两者之间属于线性正相关关系,随着页岩成熟度的提高,页岩有机质孔的面孔率逐渐升高。这反映高成熟-过成熟度页岩中有机质生烃形成的有机质孔数量更多,更易形成多种类型的有机质纳米孔隙。

4.4.2 龙马溪组页岩孔隙定量表征

扫描电镜主要用于对页岩孔隙形貌特征进行定性-半定量观察,而且观察范围局限较大,不能整体表征页岩的孔隙发育情况,因此需通过高压压汞、低温液氮吸附和二氧化碳吸附等测试手段定量表征页岩孔隙特征。

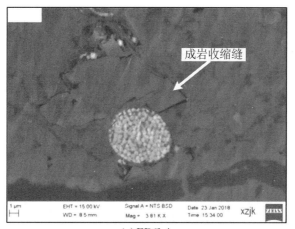

(a) FDC-4

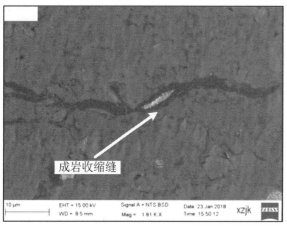

(b) FDC-4

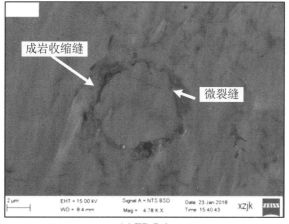

(c) FDC-4

图 4-20 微裂缝扫描电镜

(d) FDC-7

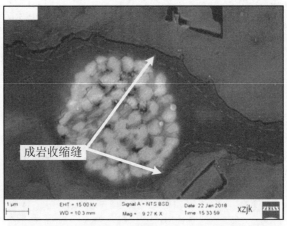

(e) FDC-4

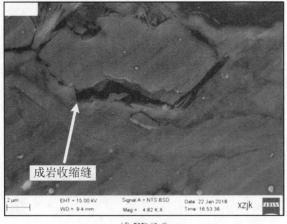

(f) FDC-8

图 4-20　微裂缝扫描电镜(续)

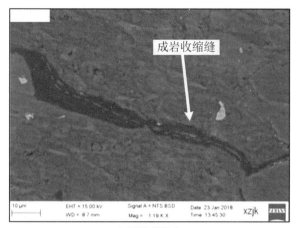

(g) FDCW-1

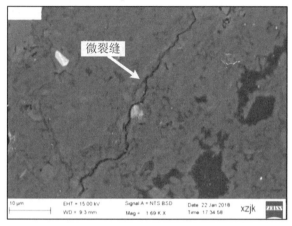

(h) FDCW-2

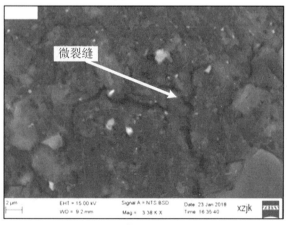

(i) MD-2

图 4-20　微裂缝扫描电镜(续)

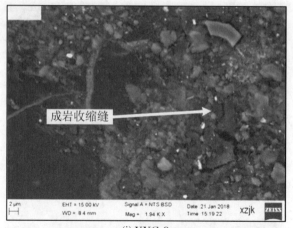

(j) XXC-3

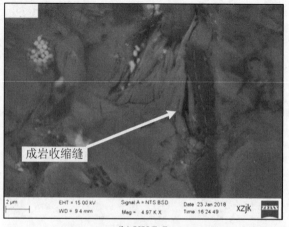

(k) XXC-7

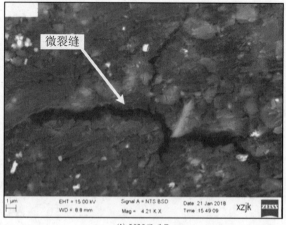

(l) XXC-15

图 4-20　微裂缝扫描电镜(续)

表 4-7 页岩有机质面孔率计算值

样品号	R_o	有机质面孔率分布区间(Φ) / 平均有机质面孔率(Φ)	计算基数
F-1	2.10	$\dfrac{5.2\%\sim12.5\%}{7.8\%}$	20
F-2	2.35	$\dfrac{4.2\%\sim10.3\%}{6.2\%}$	20
F-3	2.35	$\dfrac{4.5\%\sim9.3\%}{6.8\%}$	20
F-4	2.51	$\dfrac{8.9\%\sim19.3\%}{13.2\%}$	20
F-5	2.52	$\dfrac{8.2\%\sim18.3\%}{11.4\%}$	20
F-6	2.75	$\dfrac{4.8\%\sim11.3\%}{6.4\%}$	20
F-7	2.87	$\dfrac{5.2\%\sim12.3\%}{7.0\%}$	20
F-8	3.41	$\dfrac{18.7\%\sim24.9\%}{11.9\%}$	20
F-9	3.48	$\dfrac{13.3\%\sim26.5\%}{18.7\%}$	20
ML1-32*	0.80	2.5%	—
Bai406*	0.92	3%	—
YD2-45*	1.80	11%	—
ZJJ-1*	2.60	20%	—

注：＊号样品数据引自郭秋麟等，2013。

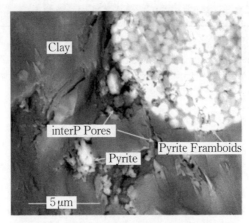

(a) 草莓状黄铁矿及黏土矿物中发育的粒内孔(F-1，R_o＝2.10％，S_1l页岩)

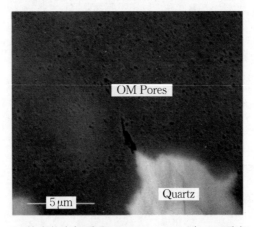

(b) 蜂窝状有机质孔(F-2，R_o＝2.35％，S_1l页岩)

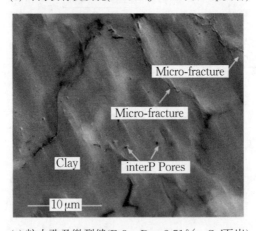

(c) 粒内孔及微裂缝(F-3，R_o＝2.51％，S_1l页岩)

图 4-21 场发射扫描电镜页岩灰度图像

(d) 粒间孔与粒内孔(F-4，R_o＝2.51％，S_1l页岩)

(e) 黏土矿物粒间孔(F-8，R_o＝3.41％，S_1l页岩)

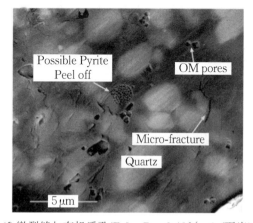

(f) 微裂缝与有机质孔(F-9，R_o＝3.48％，S_1l页岩)

图 4-21　场发射扫描电镜页岩灰度图像(续)

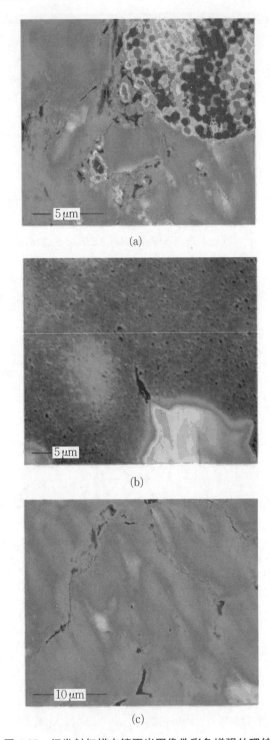

(a)

(b)

(c)

图 4-22　场发射扫描电镜页岩图像伪彩色增强处理结果

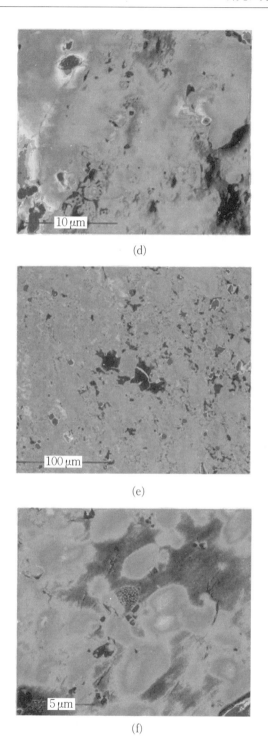

(d)

(e)

(f)

图 4-22　场发射扫描电镜页岩图像伪彩色增强处理结果(续)

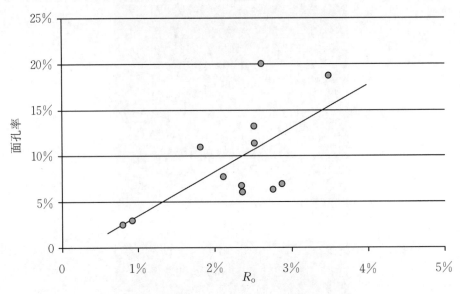

图 4-23 不同成熟度页岩有机质孔面孔率拟合特征

4.4.2.1 孔隙度

对比用不同测试方法获得的页岩孔隙结构特征可以发现,相比高压压汞法,核磁共振法(NMR)是一种更快速且对岩石样品无损的实验方法,通过 NMR T_2 谱重构伪毛管压力曲线,能有效弥补高压压汞实验进汞饱和度无法达到 100%的缺陷,因此,运用 NMR 计算页岩孔隙度的结果更能有效反映川南地区龙马溪组页岩的孔隙度特征。压汞测试结果表明龙马溪组页岩孔隙度分布范围为 1.30%~12.18%,平均孔隙度为 4.94%;核磁共振测试结果表明龙马溪组页岩孔隙度分布范围为 4.84%~13.50%,平均孔隙度为 8.78%(表 4-8、图 4-24)。实验表明,核磁共振法计算的页岩孔隙度略大于高压压汞法,显示川南地区龙马溪组孔隙度较高,而较高的孔隙度有利于页岩气的解吸、扩散和渗透。

表 4-8 压汞法与核磁共振法孔隙度测试结果

样品编号	孔隙度	测试方法
FDC-W-2	4.65%	
FDC-1	10.08%	
FDC-4	12.18%	压汞法
FDC-6	6.80%	
FDC-8	7.83%	
FDC-10	7.02%	

样品编号	孔隙度	测试方法
FDC-15	4.95%	
SH-7	1.39%	
SH-9	1.54%	
SH-11	1.49%	压汞法
SH-14	2.05%	
SH-17	3.05%	
SH-19	1.30%	
FDC-W-1	5.74%	
MD-2	6.56%	
FDC-11	4.84%	核磁共振法
XXC-2	12.74%	
XXC-7	13.50%	
XXC-13	9.327%	

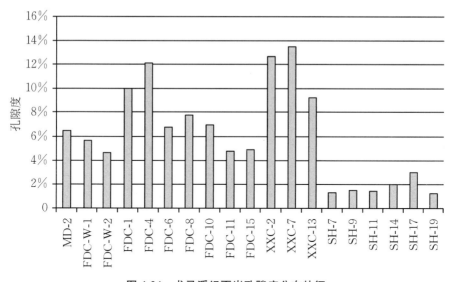

图 4-24 龙马溪组页岩孔隙度分布特征

4.4.2.2 孔容

运用流体注入测试方法联合表征川南地区龙马溪组页岩总孔体积,选择高压压汞法测试结果表征页岩中大孔($R>50$ nm)的孔体积;选择低温液氮法测试结果表征页岩中中孔(2 nm$<R\leqslant50$ nm)的孔体积;选择低温 CO_2 法测试结果表征页岩中小孔($R\leqslant2$ nm)的孔体积;利用 BJH 模型计算阶段孔隙体积。结果表明(图

4-25、表4-9），川南地区龙马溪组页岩总孔体积分布范围为 0.015 347～0.057 mL/g，平均总孔体积为 0.028 06 mL/g；大孔孔体积分布范围为 0.005 8～0.017 8 mL/g，中孔孔体积分布范围为 0.005 008～0.031 5 mL/g，小孔孔体积分布范围为 0.001 139～0.007 7 mL/g。

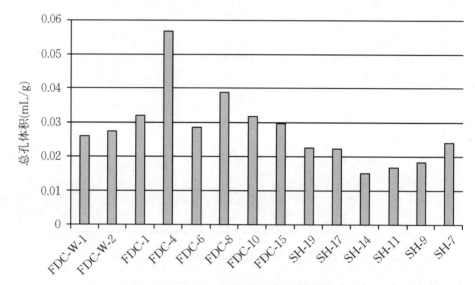

图 4-25　龙马溪组总孔体积分布特征

表 4-9　龙马溪组孔体积联合表征结果

样品编号	总孔体积 (mL/g)	大孔孔体积 (mL/g)	中孔孔体积 (mL/g)	小孔孔体积 (mL/g)
FDC-W-1	0.026 2	0.011 5	0.012 4	0.002 3
FDC-W-2	0.027 6	0.015 9	0.01	0.001 7
FDC-1	0.032 2	0.011 4	0.017 4	0.003 4
FDC-4	0.057	0.017 8	0.031 5	0.007 7
FDC-6	0.028 9	0.013 8	0.012 1	0.00 3
FDC-8	0.039	0.016	0.018 9	0.004 1
FDC-10	0.031 8	0.015 6	0.014 6	0.001 6
FDC-15	0.029 9	0.014 9	0.0134	0.001 6
SH-19	0.022 786	0.005 8	0.012 452	0.004 534
SH-17	0.022 568	0.013 7	0.006 888	0.001 98
SH-14	0.015 347	0.009 2	0.005 008	0.001 139
SH-11	0.016 874	0.006 6	0.008 352	0.001 922
SH-9	0.018 395	0.006 9	0.008 346	0.003 149
SH-7	0.024 316	0.006 5	0.012 675	0.005 140 5

4.4.2.3 比表面积

可采用低温液氮法测试比表面积来表征川南地区龙马溪组页岩特征。利用BET模型计算孔隙比表面积(图 4-26,表 4-10)表明,龙马溪组页岩比表面积分布范围为 4.080 6~49.315 1 m²/g,平均比表面积为 16.590 7 m²/g。

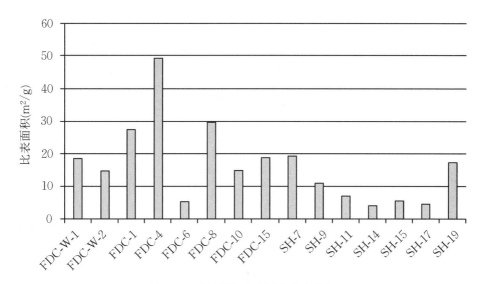

图 4-26　龙马溪组比表面积分布特征

表 4-10　龙马溪组页岩比表面积测试结果

样品编号	总比表面积(m²/g)	样品编号	总比表面积(m²/g)
FDC-W-1	18.895 7	SH-7	19.373 6
FDC-W-2	14.789 4	SH-9	10.987 2
FDC-1	27.544 7	SH-11	6.989 6
FDC-4	49.315 1	SH-14	4.080 6
FDC-6	5.222 6	SH-15	5.677 6
FDC-8	29.698 2	SH-17	4.680 5
FDC-10	15.235 9	SH-19	17.487 6
FDC-15	18.881 6		

4.4.2.4 孔径特征

核磁共振法是研究页岩孔径分布的新兴方法。根据核磁共振原理,饱和单相流体的岩石的核磁共振 T_2 谱可以反映岩石内部孔隙结构(毛志强等,2010;王学武等,2010;李爱芬等,2015;宁传祥等,2016;曹淑慧等,2016;崔兆帮,2017)。

在均匀磁场中,所测页岩的横向弛豫时间 T_2 可用下式表示:

$$\frac{1}{T_2} = \frac{1}{T_{2B}} + \rho_2 \frac{S}{V}$$

式中:T_2 为横向弛豫时间,单位为 ms;T_{2B} 为体积弛豫时间,单位为 ms;ρ_2 为横向表面弛豫率,单位为 $\mu m/ms$;S 为单个孔隙表面积,单位为 μm^2;V 为单个孔隙体积,单位为 μm^3。

核磁共振实验表明,龙马溪组页岩孔径分布 T_2 谱峰有三种类型峰:高幅单窄峰、低幅单宽峰和一高一低独立双峰(图 4-27)。其中单峰的窄宽表明该样品主体微孔孔隙的分选度,峰越窄,该样品微孔孔隙所占比例越大;峰的高低则反映样品页岩储层之间的连通性,峰越高表明储层之间孔隙的连通性越好,储层渗透率越高。高幅单窄峰表明龙马溪组主体孔类型分布集中,分选度好,孔隙之间连通性好(＊＊C-2、＊＊C-13、MD-2);低幅单宽峰表明龙马溪组主体孔类型分布零散,分选度较差,孔隙之间连通性一般(FDCW-1);一高一低独立双峰表明龙马溪组至少存在两类主体孔隙,微孔为主且集中,但两者的连续性不好(＊＊C-7、FDC-11)。研究区龙马溪组页岩的孔裂隙非均质性较强,以微孔为主且集中稳定,同时存在裂隙及微裂缝等,但渗流型孔隙发育较少,储层孔隙整体连通性较好。

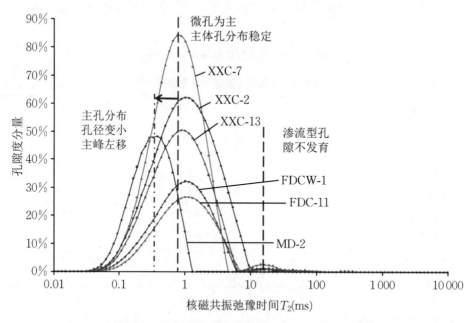

图 4-27　龙马溪组页岩储层孔径分布 T_2 谱峰图

结合高压压汞实验及低温液氮实验的结果表征川南地区龙马溪组页岩储层孔径分布特征,可以发现页岩优势孔径分布范围在 5～300 nm(高压压汞结果),在小于 100 nm(液氮结果)的范围内仍有大量孔隙发育(图 4-28)。

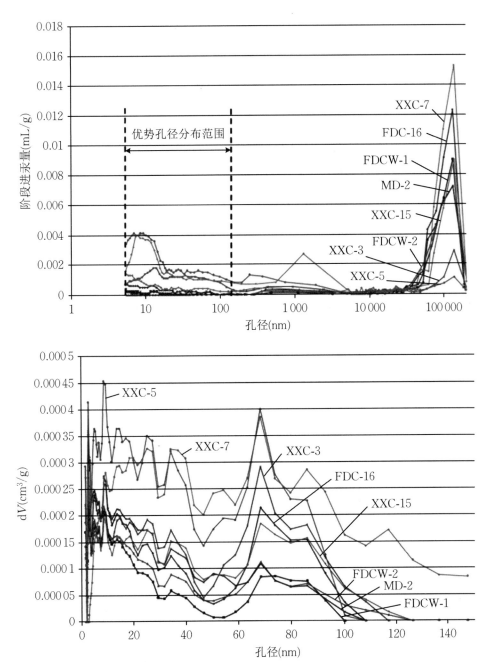

图 4-28 龙马溪组页岩储层孔径分布

页岩储层储集空间特征主要通过气体吸附法(N_2 和 CO_2)和压汞法联合表征，两者的相似之处在于其测得的泥页岩孔径分布曲线形态基本吻合。两者的差异性在于压汞法测试孔径的结果跨度大（3.0～9 375 nm），且难以用于测试微孔介孔，而利用高压压汞法测试孔径大于 100 000 nm 的超大孔时，由于是粒样堆积得到的结果，即并非页岩自身的孔裂隙，因此不予考虑（陈尚斌等，2013）。气体吸附法测试的孔径尺度为 0.3～150 nm，其优点是可以精细表征 50 nm 以下的孔隙分布。

　　选择低温 CO_2 法的测试、低温液氮法的测试及高压压汞法的测试结果，计算川南地区龙马溪组页岩储层不同分布区间孔径孔体积对页岩总孔体积的贡献度，绘制孔径分布柱状图（图 4-29、图 4-30）。结果表明，页岩中发育有大量的小孔，中孔和大孔的数量相对较少，但由于单个孔隙体积较大，因此也提供了一定的孔隙体积。孔径小于 300 nm 的孔隙对页岩总孔体积的贡献度为 83.44％～94.23％，其中，页岩中小孔和中孔尺度的孔隙为页岩气提供了大量的赋存空间，对总孔体积的贡献度为 48.84％～94.14％，小孔对总孔体积的平均贡献度为 22.37％，中孔对总孔体积的平均贡献度为 51.16％，大孔对总孔体积的平均贡献度为 26.47％。

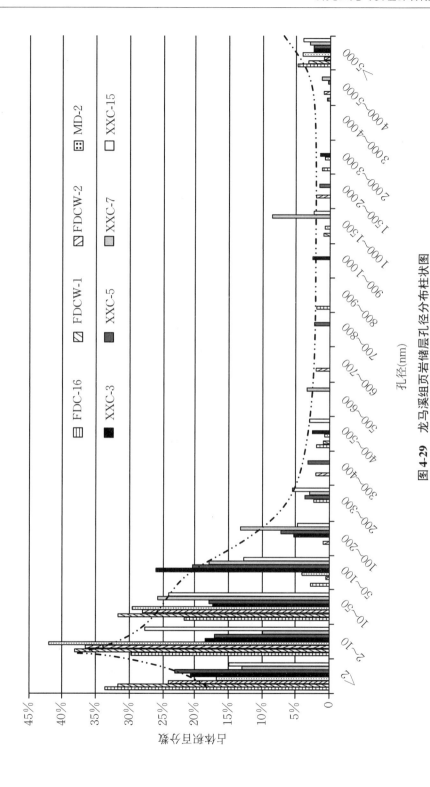

图4-29 龙马溪组页岩储层孔径分布柱状图

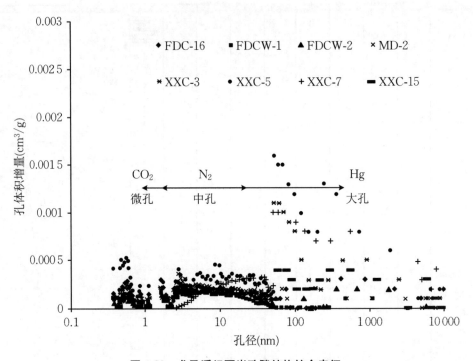

图 4-30　龙马溪组页岩孔隙结构综合表征

5 构造控制下的沉积-埋藏-生烃演化过程

5.1 龙马溪组沉积-构造环境

5.1.1 沉积构造特征

沉积构造特征是识别沉积环境和划分沉积相的极其重要的标志,它能够提供沉积介质性质、水动力条件、沉积物的搬运及沉积形式等方面的信息。通过对钻井岩芯以及实测 4 条野外剖面得到的岩性观察和描述结果,可将龙马溪组沉积构造类型分为层理构造和化学成因构造两类。

5.1.1.1 层理构造

研究区龙马溪组页岩可见波纹层理、水平层理等沉积构造,以水平层理较为发育,同时可见浊流沉积构造。

水平层理通常是成岩物质在相对较弱的水动力条件下从悬浮物或溶液中沉淀而成的。从研究区的钻井岩芯和野外露头剖面上均可以观察到大量发育的水平层理(图 5-1),这也表明龙马溪组页岩是在水体安静的环境下缓慢沉积而成的。

5.1.1.2 化学成因构造

化学成因构造是指在成岩作用过程中或成岩后因化学作用而形成的构造。野外露头观测发现龙马溪组中存在大量的黄铁矿结核体(图 5-2),其以集合体或沿岩层面产出方式呈现,多呈椭球体形和不规则状,直径一般为 1~3 cm。黄铁矿结核体的出现表明该段地层沉积时的环境能量较低,而且缺氧,其沉积环境为较深的水环境。另外还可见到分散状的黄铁矿、黄铁矿脉及粉末状的黄铁矿沿层理呈纹层状分布,它们主要分布在黑色或黑灰色页岩中,属于还原环境。

(a) WX2井

(b) 彭水露头

图 5-1 龙马溪水平层理

(a)

(b)

图 5-2 龙马溪组黄铁矿结核(梅硐野外露头)

5.1.2 沉积构造环境地球化学指标

页岩中的主量元素、微量元素和稀土元素特征是研究古沉积构造环境的重要指标(田洋等,2015;凌斯祥,2016;魏祥峰等,2016;冯绍平等,2017 张琴等,2018)。在还原环境中 V、Co、Cr、Ni、Mo 和 U 等可以在沉积物中有效保存下来,而在富氧环境中会出现亏损,因此可用来判识水体的氧化还原条件。Ba 和 Cu 等生物营养元素与生产力变化之间存在强烈的正相关关系,因此常被用来评估海盆中的古生产力。通过测定 Ta、P、Nb、Zr、Th、HREE(重稀土元素)、Hf、Pb^{4+}、Ce、Ti、U 等,可以了解龙马溪组页岩沉积形成时的古构造环境(魏祥峰等,2016;赵瞻等,2017;卢斌等,2017)。结合垂向上总有机碳的变化情况,可分析龙马溪组页岩微量元素比值垂向上的变化特征及其与古沉积环境的关系。

研究区龙马溪组页岩的主量元素、微量元素和稀土元素测试在江苏省地质矿产设计研究院完成。

5.1.2.1 古生产力恢复

古生产力是指地质历史时期单位面积、单位时间内所产生的有机物的量,总有机碳含量常作为评价古生产力的重要指标,但由于总有机碳在保存的过程中受到成岩作用、氧化还原反应、生物作用以及碎屑的稀释作用,并不能客观反应初级生产力的状况。前人研究表明,在剔除陆源碎屑成分中的 Ba 后残留的生物来源 Ba 可以有效反映黑色页岩中古生产力的真实水平,校正公式参考付常青(2017)的研究,如下:

$$B_{Ba} = T_{Ba} - D_{Ba} \tag{5-1}$$

基于 PAAS 标准值,可校正得到生物来源 Ba,公式如下:

$$B_{Ba} = S_{Ba} - S_{Ti} \times \frac{P_{Ba}}{P_{Ti}} \tag{5-2}$$

基于公式(5-2)的计算结果见表 5-1。

表 5-1　川南地区古生产力恢复计算表

样品号	S_{Ba}	S_{Ti}	P_{Ba}	P_{Ti}	B_{Ba}
FDC-1	996	3 476	650	6 000	619.3
FDC-2	827	2 277	650	6 000	579.8
FDC-3	693	2 098	650	6 000	465.6
FDC-4	603	1 858	650	6 000	401.7
FDC-5	601	2 158	650	6 000	367.6

样品号	S_{Ba}	S_{Ti}	P_{Ba}	P_{Ti}	B_{Ba}
FDC-6	1 043	1 978	650	6 000	828.5
FDC-7	733	2 277	650	6 000	486.6
FDC-8	753	2 397	650	6 000	493.1
FDC-9	723	1 199	650	6 000	593.0
FDC-10	726	2 577	650	6 000	447.2
FDC-11	618	2 397	650	6 000	358.5
FDC-12	1 259	3 416	650	6 000	888.4
FDC-13	945	2 277	650	6 000	698.0
FDC-14	729	1 798	650	6 000	534.4
FDC-15	1 022	2 397	650	6 000	762.2
FDC-16	1 205	3 296	650	6 000	847.4
XXC-1	1 219	4 016	650	6 000	784.3
XXC-2	1 200	2 637	650	6 000	913.8
XXC-3	769	2 397	650	6 000	509.6
XXC-4	1 237	3 536	650	6 000	854.1
XXC-5	1 329	3 117	650	6 000	991.0
XXC-6	2 219	3 716	650	6 000	1 816.2
XXC-7	1 842	3 596	650	6 000	1 452.3
XXC-8	1 594	3 836	650	6 000	1 178.1
XXC-9	1 458	4 735	650	6 000	945.0
XXC-10	1 305	4 615	650	6 000	805.0
XXC-11	1 273	3 057	650	6 000	941.8
XXC-12	1 224	3 296	650	6 000	867.1
XXC-13	1 952	3 536	650	6 000	1 569.0
XXC-14	1 611	5 094	650	6 000	1 058.7
XXC-15	1 662	5 334	650	6 000	1 084.1

另外,由于Al几乎不受沉积物成岩作用影响,使得Ba/Al值比总有机碳含量更能反映初级生产力的高低。因此,本书综合Ba/Al值与B_{Ba}值两种指标,探讨川南地区龙马溪组古生产力特征(图5-3、图5-4)。结果表明,Ba/Al值对川南地区古生产力指示性好于B_{Ba}值的指示性,Ba/Al值显示川南地区龙马溪组底部所处时期古生产力好于顶部时期,且有由底向顶逐渐减弱的趋势。

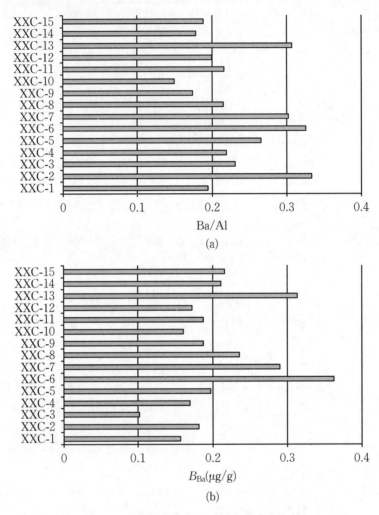

(a)

(b)

图 5-3 小溪村剖面龙马溪组古生产力恢复

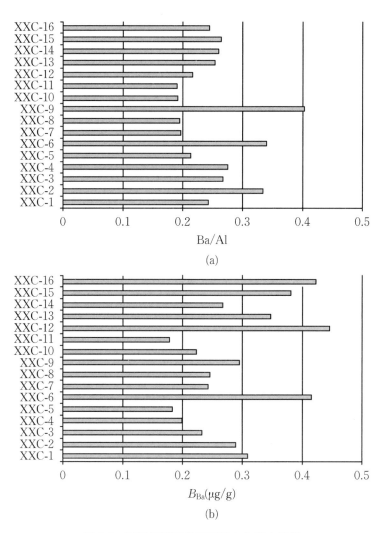

图 5-4 风洞村剖面龙马溪组古生产力恢复

5.1.2.2　古温度恢复

许多地质学家通过多年的实验和实践,总结出了一套利用 Sr 含量(Y)和温度(T)的关系来计算古水温的经验公式:

$$Y = \frac{2\,578 - 80.8}{T} \tag{5-3}$$

其计算结果可与用其他测水温方法(如 C、O 同位素等测温法)互相验证,也可以与结合沉积物特征和相应的沉积相标志确定的结果进行对比,证明该经验公式具备可信性。

通过小溪村地质剖面、风洞村地质剖面共计 30 个龙马溪组岩石样品的锶元素含量(表 5-2),应用经验公式(5-3)对龙马溪组沉积期古水温进行恢复发现,研究区的古水温为 26.21～31.63 ℃,平均为 29.76 ℃,属于热带-亚热带气候带。这表明研究区龙马溪组沉积期处于低纬度地区。

表 5-2　川南地区龙马溪组页岩古水温恢复

样品编号	$\delta_{Sr}(\mu g/g)$	古水温(℃)	样品编号	$\delta_{Sr}(\mu g/g)$	古水温(℃)
FDC-W-1	455	26.27	FDC-16	82	30.89
FDC-1	26.1	31.58	XXC-1	181	29.66
FDC-2	22.3	31.63	XXC-2	237	28.98
FDC-3	173	29.76	XXC-3	358	27.48
FDC-4	85.4	30.85	XXC-4	250	28.82
FDC-5	233	29.03	XXC-5	163	29.89
FDC-6	164	29.88	XXC-6	98.3	30.69
FDC-7	200	29.43	XXC-7	39.8	31.41
FDC-8	215	29.25	XXC-8	129	30.31
FDC-9	339	27.71	XXC-9	91.4	30.77
FDC-10	144	30.12	XXC-10	58	31.19
FDC-11	212	29.28	XXC-11	278	28.47
FDC-12	28.8	31.55	XXC-12	258	28.71
FDC-13	135	30.24	XXC-13	460	26.21
FDC-14	97.5	30.7	XXC-14	149	30.06
FDC-15	32.4	31.51	XXC-15	145	30.11

5.1.2.3　沉积构造环境分析

泥岩中具有一系列地球化学性质稳定,不易受变质、蚀变和风化等作用影响的元素,典型代表为 Ta、P、Nb、Zr、Th、HREE(重稀土元素)、Hf、Pb、Ce、Ti、U 等,其大多具有离子电位 $\pi > 3$,具有离子电价位较高、离子半径较小、离子场强较高的特征,难溶于水。因此可以用该类元素的相关参数及其比值来指示源岩的属性,反映目的层系沉积时的沉积构造环境。

利用小溪村剖面和风洞村剖面的岩石样品,建立 w_{La}/w_{Sc}-w_{Co}/w_{Th} 源岩属性判别图解探讨川南地区龙马溪组源岩属性。在 w_{La}/w_{Sc}-w_{Co}/w_{Th} 图上(图 5-5(a)),大多数样品投影点落入长英质火山岩范围内,这反映了源岩的中-酸性混合成因,主要为长岩质类岩石,有少量中基性岩注入。沉积岩中的稀土元素对母岩具有很强的继承性,若母岩为酸性的花岗岩,δ_{Eu} 常为负异常;若母岩为基性玄武岩,则 δ_{Eu} 为无负异常或正异常。川南地区龙马溪组的 δ_{Eu} 值为 0.39~1.81,变化较大,大多数样品为负异常,但仍有少数样品显示正异常,说明该区黑色页岩的母岩具有混合成因的性质。为进一步探讨这种关系,在 $w_{\sum REE}$-w_{La}/w_{Yb} 判别图中(图 5-5(b)),样品投影点均落于沉积岩与花岗岩的交汇区域内,进一步反映了龙马溪组母岩岩性具有混合成因的特点。

根据元素构造背景判别图解(图 5-6)可以看出,样品点大多位于大陆边缘区域与深海平原交汇区,少部分单独落在深海沉积物区或大陆边缘区,表明龙马溪组黑色岩系形成于接近大陆边缘的深水-半深水沉积环境,为大陆边缘向深海平原区过渡型岩系。

研究表明,沉积岩中化学元素的分异受到构造背景影响,不同构造背景下形成的沉积岩地球化学特征不同。从主量元素 $w_{K_2O}/w_{Na_2O \cdot SiO_2}$ 构造背景判别图解(图 5-7(a))可以看出,样品点主要落入被动大陆边缘环和活动大陆边缘境,部分处于岛弧区域,显示研究区的构造背景主要是以被动大陆边缘和活动大陆边缘为主,同时具有较为复杂的构造背景。由微量元素 δ_{La}-δ_{Th}-δ_{Sc} 构造背景判别图解(图 5-7(b))可知,样品微量元素点落在活动大陆边缘、被动大陆边缘构造背景区,主微量元素对构造反应较为一致。前人研究物源区构造背景发现,以被动大陆边缘为主要物源的岩石中通常包含较多的活动大陆边缘或大陆岛弧的地球化学信息。研究区所在板块从晚奥陶开始从早期被动大陆边缘转变为具有沟弧盆体系的活动大陆边缘,同时龙马溪组底部发育的多套斑脱岩也证实在龙马溪组页岩沉积过程中其所在区域范围内存在强烈的火山岩浆活动。同时在早志留世,扬子地块的拉张活动达到高潮,海底的拉升和扩张导致幔源深部物质上涌,使得龙马溪组在微量元素组成上保留了最为活跃的大陆岛弧构造背景的性质,所以可以用深部物源的影响解释样品元素投点所显示的大陆岛弧和活动陆缘的性质。

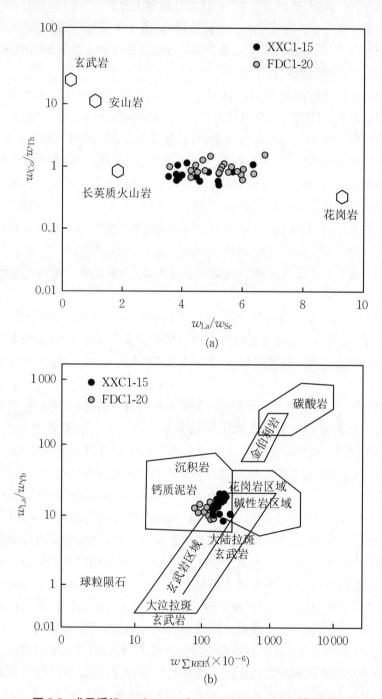

图 5-5 龙马溪组 w_{La}/w_{Sc}-w_{Co}/w_{Th}、$w_{\sum REE}$-w_{La}/w_{Yb} 判别图解

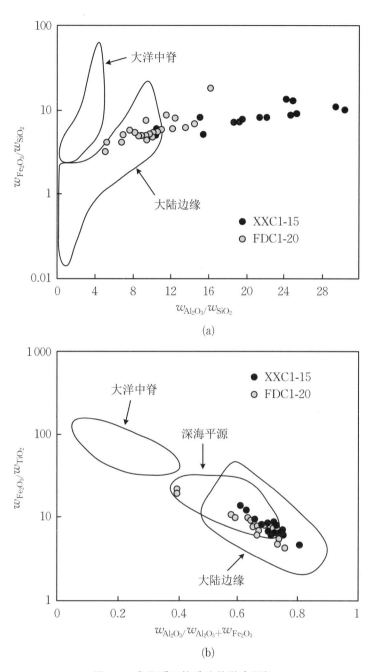

图 5-6 龙马溪组构造比值散点图解

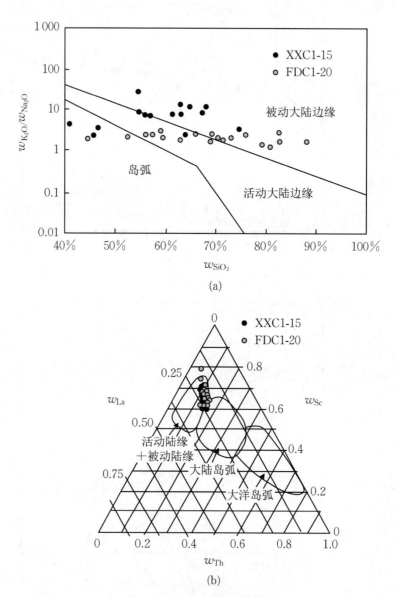

(a)

(b)

图 5-7　龙马溪组构造背景判别图解

5.1.3 沉积相类型

根据对四川盆地南部地区龙马溪组野外露头剖面、钻井岩芯以及镜下薄片的详细观察、描述与研究,并结合区域构造、沉积背景及上述沉积相的识别标志等资料,认为研究区下志留统龙马溪组处于浅海陆盆沉积环境,其沉积相可划分为1种沉积相、3种沉积亚相以及9种沉积微相(表5-3),其主要的沉积相特征分述如下:

陆盆环境包括近滨外侧至大陆坡内边缘这一广阔的陆架或陆盆区。平面上向陆方向紧靠滨岸相带,沉积物多以暗色和细粒为特征;岩性主要为深灰色、灰黑色的含灰泥页岩、砂质泥页岩、炭质页岩以及夹灰色、深灰色的泥灰岩、粉砂岩、泥质粉砂岩、灰质粉砂岩等,连续厚度一般较大,多为 $200\sim400$ m,发育水平层理,含腕足、笔石、珊瑚、棘皮类、双壳类等化石。根据浅海陆盆的水深和水动力条件,可进一步划分出过渡带、浅水陆盆和深水陆盆三种亚相。

表 5-3 研究区龙马溪组沉积相划分简表

沉积相	亚　　相	微　　相
	过渡带	
		风暴层
		砂泥质浅水陆盆
	浅水陆盆	泥质浅水陆盆
		灰泥质浅水陆盆
浅海陆盆		灰质浅水陆盆
		浊积砂
		砂泥质深水陆盆
	深水陆盆	泥质深水陆盆
		灰泥质深水陆盆

5.1.3.1 过渡带亚相

过渡带指滨岸与滨外陆盆间的过渡地带,位于正常浪基面以下,能量较低,沉积物粒度介于滨岸与浅海陆盆之间,一般为粉砂岩和泥质粉砂岩沉积,时有贝壳层堆积,且古生物种类与数量较多,古生物扰动作用强烈,因此,原生层理常常遭破坏而形成块状层理。在本区,过渡带多位于剥蚀区,因此偶见于靠近剥蚀区边缘的少量钻井(或剖面)中(图5-8)。

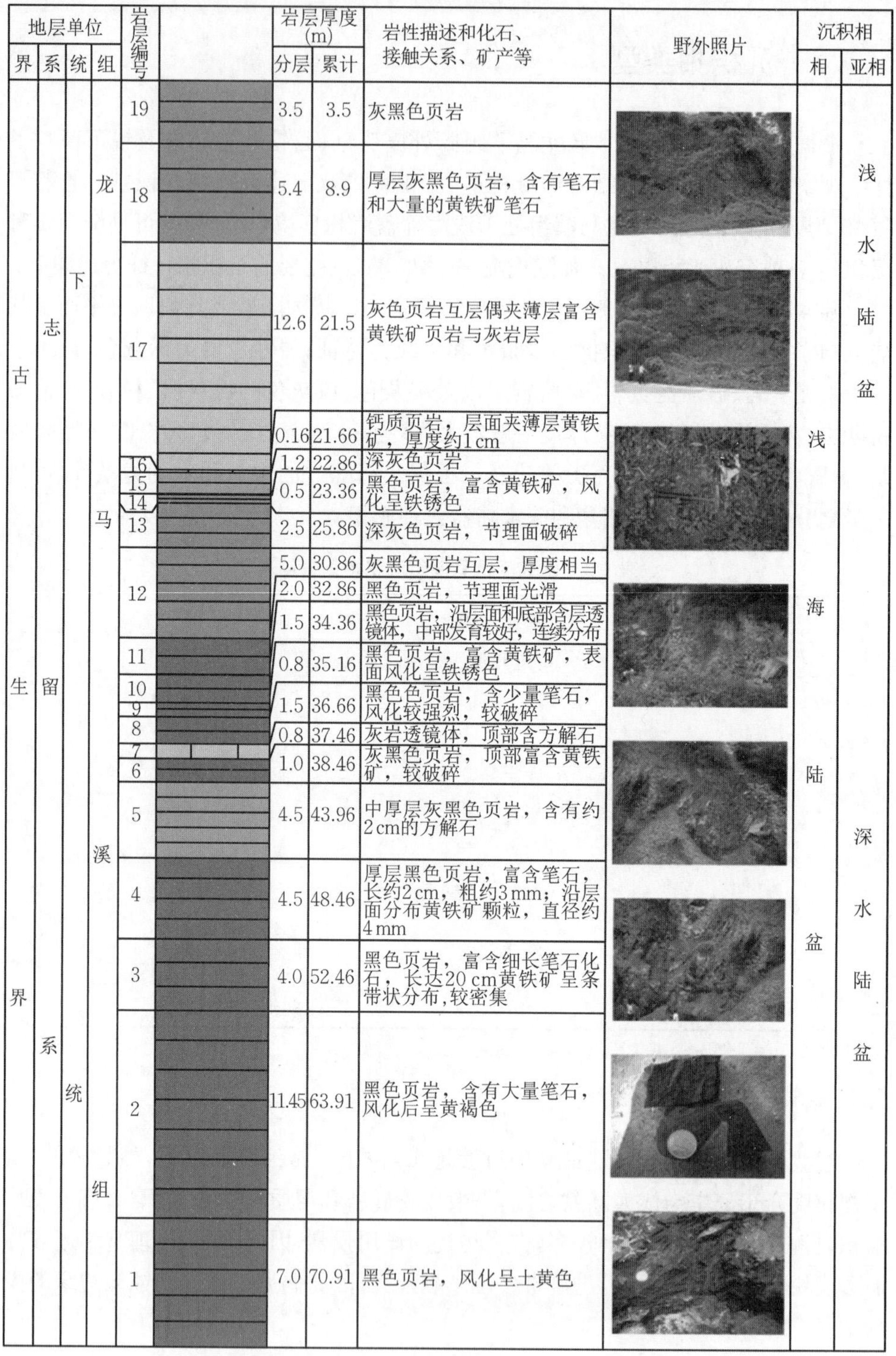

地层单位				岩石柱壮编号		岩层厚度(m)		岩性描述和化石、接触关系、矿产等	野外照片	沉积相	
界	系	统	组			分层	累计			相	亚相
古生界	志留系	下统	龙马溪组	19		3.5	3.5	灰黑色页岩		浅水陆盆	浅海陆棚
				18		5.4	8.9	厚层灰黑色页岩，含有笔石和大量的黄铁矿笔石			
				17		12.6	21.5	灰色页岩互层偶夹薄层富含黄铁矿页岩与灰岩层			
				16		0.16	21.66	钙质页岩，层面夹薄层黄铁矿，厚度约1cm			
						1.2	22.86	深灰色页岩			
				15		0.5	23.36	黑色页岩，富含黄铁矿，风化呈铁锈色			
				14							
				13		2.5	25.86	深灰色页岩，节理面破碎			
				12		5.0	30.86	灰黑色页岩互层，厚度相当			
						2.0	32.86	黑色页岩，节理面光滑			
						1.5	34.36	黑色页岩，沿层面和底部含层透镜体，中部发育较好，连续分布			
				11		0.8	35.16	黑色页岩，富含黄铁矿，表面风化呈铁锈色			深水陆盆
				10		1.5	36.66	黑色色页岩，含少量笔石，风化较强烈，较破碎			
				9							
				8		0.8	37.46	灰岩透镜体，顶部含方解石			
				7		1.0	38.46	灰黑色页岩，顶部富含黄铁矿，较破碎			
				6							
				5		4.5	43.96	中厚层灰黑色页岩，含有约2cm的方解石			
				4		4.5	48.46	厚层黑色页岩，富含笔石，长约2cm，粗约3mm，沿层面分布黄铁矿颗粒，直径约4mm			
				3		4.0	52.46	黑色页岩，富含细长笔石化石，长达20cm黄铁矿呈条带状分布，较密集			
				2		11.45	63.91	黑色页岩，含有大量笔石，风化后呈黄褐色			
				1		7.0	70.91	黑色页岩，风化呈土黄色			

图 5-8 双河龙马溪组沉积相综合柱状图

5.1.3.2   浅水陆盆亚相

浅水陆盆位于过渡带外侧至风暴浪基面之上的浅海陆盆区,水体较浅,沉积物以暗色细粒的陆缘碎屑物质为主,见清水沉积的碳酸盐岩薄层或透镜体。该沉积区还间歇性地受到其他水流(风暴流、潮流和密度流等)的影响和改造,从而使沉积体发生分异,形成了相对高能的陆源碎屑砂或碳酸盐颗粒沉积物组成的风暴层以及低能的以泥页岩为主的砂泥质陆盆、灰泥质陆盆以及泥质陆盆等沉积体。暗色页岩常具细纹状水平层理、水平微波状层理的沉积构造;生物化石以笔石为主,见少量的腕足、棘皮类、双壳类等化石。

1. 风暴层微相

浅水陆盆中的风暴层微相岩性主要为成熟度较高的灰色、深灰色泥质粉砂岩、粉砂岩及细砂岩(图 5-9),或单独由碳酸盐岩、生物颗粒滩组成。常见波浪作用及

(a)

(b)

图 5-9   浅水陆盆中的粉砂、细砂岩及其发育的平行层理(长宁野外露头)

流动成因的层理构造,如丘状交错层埋等,侵蚀充填构造较明显,粒序层较发育,但粒序层厚度不均匀。

2. 泥质浅水陆盆和砂泥质浅水陆盆微相

泥质浅水陆盆和砂泥质浅水陆盆微相主要发育于水体能量相对较低的浅水陆盆海域,岩性主要为深灰色泥岩、粉砂质泥岩,局部夹泥质粉砂岩,发育反映低能静水环境的水平层理、缓波状层理、韵律层理等沉积构造,见少量的笔石和双壳类等化石(图5-10)。垂向上连续沉积的厚度较大,常为几十米至一百多米。根据沉积物的岩性,可以区分出主要由泥岩和页岩构成的泥质浅水陆盆微相以及主要由粉砂质泥岩和泥质粉砂岩构成的砂泥质浅水陆盆微相,其中的砂质颗粒或是由特大洪水期的河流携带入海的或者潮流、风暴流等从滨岸带改造形成的。

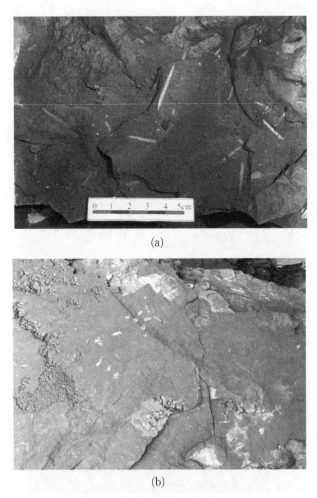

(a)

(b)

图5-10　龙马溪组的笔石化石(梅硐野外露头)

3. 灰泥质浅水陆盆微相

区内灰泥质浅水陆盆微相主要是由于海平面的频繁升降,造成了沉积环境相应的发生变化,从而在"清水"期间发生碳酸盐岩沉积,"浑水"期间则主要为细粒陆源碎屑物质沉积。随着海平面的频繁升降,形成深灰色、灰色的含灰泥页岩、泥页岩夹灰色灰岩或泥灰岩薄层的现象(图 5-11)。

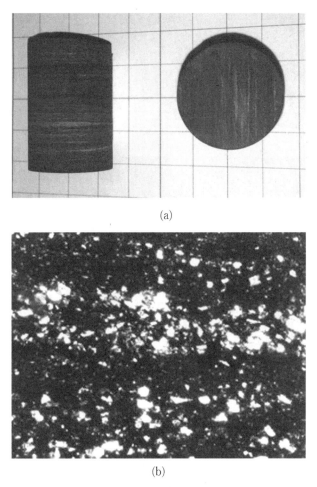

(a)

(b)

图 5-11　风洞村龙马溪组发育的水平纹层和微层理

4. 灰质浅水陆盆微相

区内的灰质浅水陆盆微相岩性为中-薄层的灰色灰岩夹深灰色、灰黑色泥岩,但在局部地区岩性主要为厚层的泥质灰岩。这反映了灰质浅水陆盆微相中的岩性变化一方面是由于沉积水体深度频繁变化造成的(图 5-12);另一方面也不排除由突发事件如风暴将陆源碎屑物质搬运到灰质沉积物中,造成了成分结构的相互掺杂。

(a)

(b)

图 5-12　龙马溪组的厚薄互层现象(梅硐野外露头)

5.1.3.3　深水陆盆相

　　深水陆盆处于浅海陆盆靠大陆斜坡一侧的、风暴浪基面以下的浅海区,一般来说环境能量较低,水体安静,沉积物主要由灰黑色、黑色泥岩、页岩、含粉砂页岩夹纹层状碳酸盐岩以及粉砂岩薄层组成;黑色页岩常呈薄层状,具毫米级纹层状或片状页理构造;黄铁矿常呈星散状或纹层状分布,水平纹层发育。生物化石个体多,门类单调,几乎全为常漂浮生活的笔石,局部地区见少量的放射虫和硅质海绵骨针,反映了安静贫氧的滞留水体沉积环境。依据沉积物的不同,又可将深水陆盆进一步划分为砂泥质深水陆盆、泥质深水陆盆、灰泥质深水陆盆和浊积砂等微相(图5-13)。

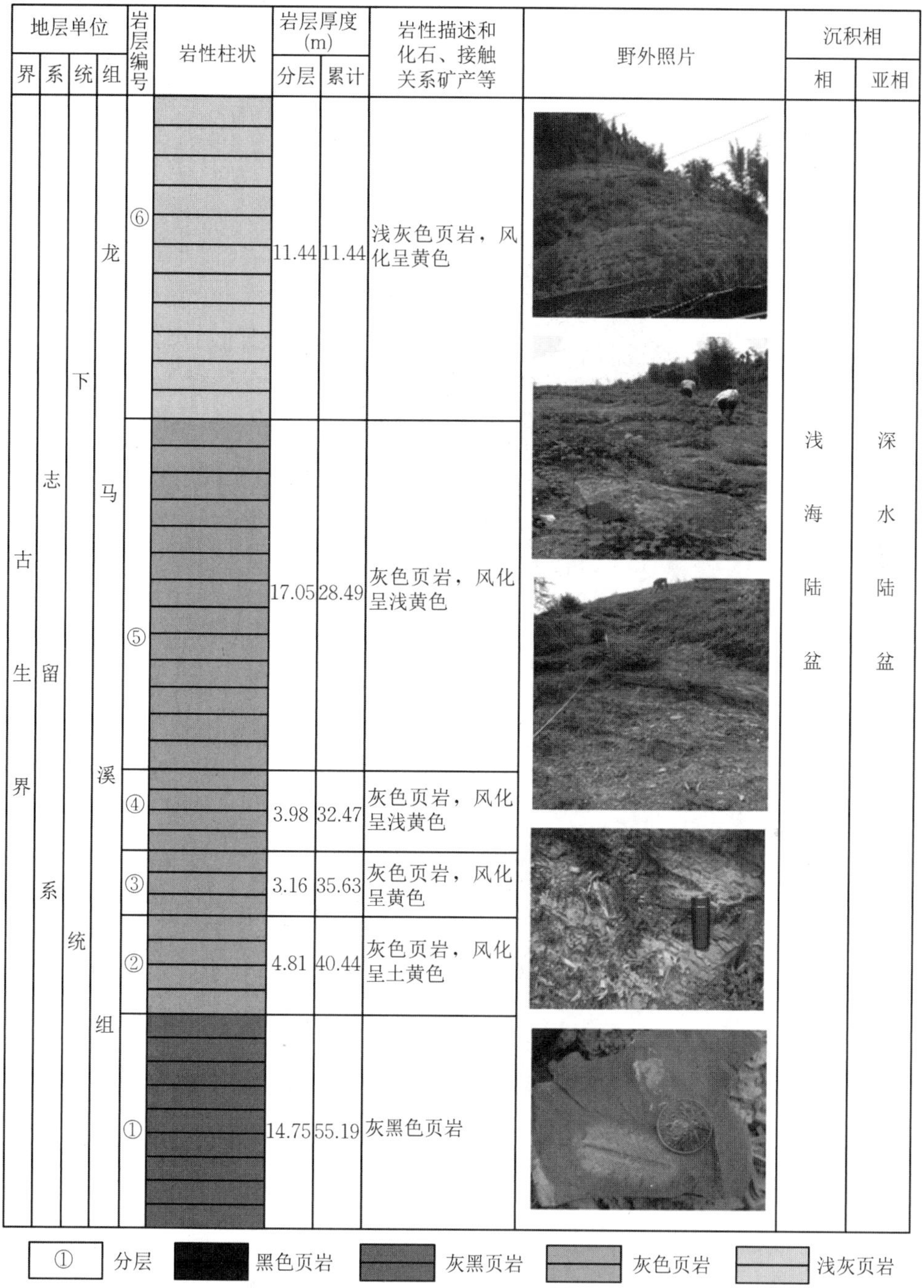

地层单位				岩层编号	岩性柱状	岩层厚度 (m)		岩性描述和化石、接触关系矿产等	野外照片	沉积相	
界	系	统	组			分层	累计			相	亚相
古生界	志留系	下统	龙马溪组	⑥		11.44	11.44	浅灰色页岩，风化呈黄色		浅海陆盆	深水陆盆
				⑤		17.05	28.49	灰色页岩，风化呈浅黄色			
				④		3.98	32.47	灰色页岩，风化呈浅黄色			
				③		3.16	35.63	灰色页岩，风化呈黄色			
				②		4.81	40.44	灰色页岩，风化呈土黄色			
				①		14.75	55.19	灰黑色页岩			

① 分层	■ 黑色页岩	▨ 灰黑页岩	▨ 灰色页岩	▨ 浅灰页岩

图 5-13 双河龙马溪组深水陆盆亚相沉积剖面图

1. 泥质深水陆盆微相

泥质深水陆盆微相处于深水陆盆水体能量最低的海域,以发育黑灰色、灰黑色、黑色泥页岩、碳质泥页岩(图 5-14)以及反映安静水体的水平层理为特征,矿物中常出现大量黄铁矿和炭等元素,显示了低能、贫氧以及低速欠补偿的较深水的特征。它与砂泥质深水陆盆微相的主要区别在于泥页岩中几乎不含砂和粉砂。

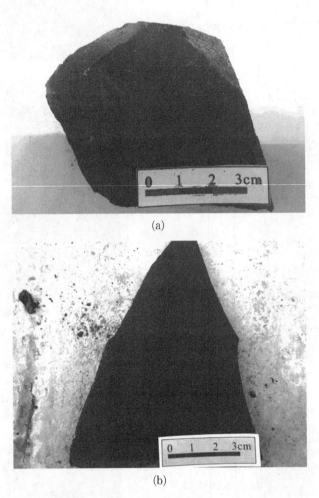

(a)

(b)

图 5-14 风洞村龙马溪组黑色炭质页岩

2. 砂泥质深水陆盆微相

砂泥质深水陆盆微相与泥质深水陆盆微相都处于能量相对较低深水陆盆海域,两者的主要区别为砂泥质深水陆盆微相水体能量略强,泥页岩中含有少量的粉砂,其岩性以灰黑色粉砂质泥岩、泥页岩为主。

3. 浊积砂微相

浊积砂微相为浊流沉积的产物,岩性主要为夹于较深水灰黑色泥页岩中的钙质粉砂岩和泥质粉砂岩透镜体,在砂层中常具有流动成因的层理,缺少波浪作用形成的层理,有时可见各种印模,粒级递变现象较明显,往往具有不完整的鲍玛序列。

4. 灰泥质深水陆盆微相

区内的灰泥质深水陆盆微相主要为颜色相对较浅的灰色、深灰色灰岩呈薄层或透镜体状夹于灰黑色、黑色泥页岩中,成因主要为浊流沉积,同时也不排除成岩作用(如交代作用、化学剂生物化学作用)对灰质成因的影响,这都造成岩性为以灰质泥岩的形式产出。

5.2 龙马溪组单井沉积埋藏-成熟生烃史演化特征

在整体认识川南地区构造特征、龙马溪组储层特征的基础上,选择 CN 系列井、长宁小溪村地质剖面,采用 PetroMod 1D 对川南地区进行埋藏史、生烃史、热史进行深入剖析。

5.2.1 CN 系列井埋藏史恢复

结合钻井资料、测井解释结果基区域地层资料,恢复 CN 系列井志留系龙马溪组沉积以来的地层沉积-剥蚀数据,进行埋藏史的反演(表 5-4)。结果表明,川南地区 CN 系列井龙马溪组在沉积之后稳定埋深,在海西中期发生了一次小规模抬升,印支期起进入长时期的稳定埋藏阶段,最大埋深达 4 811 m。之后,受喜马拉雅运动影响,大约 135 Ma 时龙马溪组开始发生大规模的隆升剥蚀作用,抬升幅度约 2 600 m,至 16 Ma 时喜马拉雅期构造活动基本结束,页岩气藏进入调整期(图 5-15)。

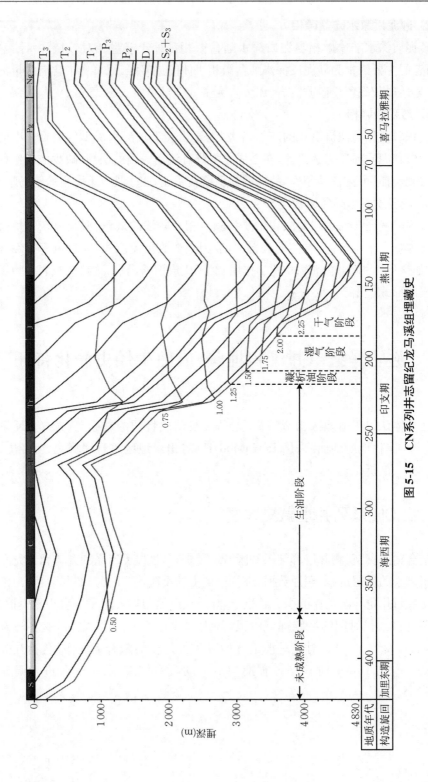

图 5-15　CN系列井志留纪龙马溪组埋藏史

表 5-4 CN 系列井志留纪龙马溪组地层沉积-剥蚀数据表

地层	顶界 (m)	底界 (m)	残余厚度 (m)	剥蚀厚度 (m)	沉积时间		剥蚀时间	
					起(Ma)	止(Ma)	起(Ma)	止(Ma)
Q	0.00	17.50	17.50	—	5.00	0.00	—	—
N	17.50	27.50	10.00	—	10.00	5.00	—	—
E	27.50	37.50	10.00	—	15.00	10.00	—	—
K	37.50	37.50	—	230.00	145.50	135.00	135.00	120.00
J_3	37.50	37.50	—	400.00	161.20	145.50	120.00	95.00
J_2	37.50	37.50	—	700.00	175.60	161.20	95.00	80.00
J_1	37.50	37.50	—	450.00	199.60	175.60	80.00	65.00
T_3	37.50	262.00	224.50	450.00	228.70	199.60	65.00	40.00
T_2	262.00	632.00	370.00	400.00	235.00	228.70	40.00	15.00
T_1	632.00	1 014.00	382.00	—	251.00	235.00	—	—
P_3	1 014.00	1 162.00	148.00	—	260.40	251.00	—	—
P_2	1 162.00	1 522.00	360.00	—	270.60	260.40	—	—
P_1	1 522.00	1 522.00	—	150.00	360.00	330.00	330.00	310.00
C	1 522.00	1 522.00	—	150.00	380.00	360.00	310.00	280.00
D	1 522.00	1 775.00	253.00	150.00	416.00	380.00	280.00	270.60
S_{2+3}	1 775.00	2 092.00	317.00	—	428.20	416.00	—	—
S_1l	2 092.00	2 205.60	113.60	—	443.70	428.20	—	—

结合 Easy%R_o 数值模拟技术与四川盆地古地温梯度相关资料,对 CN 系列井志留系龙马溪组有机质的成熟度演化进行模拟,揭示了志留系烃源岩在地质历史中成熟演化历程(表 5-5,图 5-16)。

表 5-5　CN 系列井龙马溪组底部页岩成熟度演化模拟

构造演化阶段	受热时间（Ma）	R_o	受热温度（℃）	绝对温度（K）	孔隙度	$\lg R_o$	热演化阶段
加里东期	0	0.3	35.16	308.16	35.15	−0.522 88	未成熟阶段
	12.2	0.35	52.85	325.85	22.41	−0.455 93	
	48.2	0.46	74.91	347.91	17.31	−0.337 24	
	68.2	0.51	79.6	352.6	16.22	−0.292 43	
	98.2	0.56	86.3	359.3	15.31	−0.251 81	
	117.73	0.58	82.91	355.91	15.31	−0.236 57	
	118.2	0.58	82.82	355.82	15.31	−0.236 57	
海西期	130.13	0.59	81.8	354.8	15.31	−0.229 15	
	146.94	0.59	80.9	353.9	15.31	−0.229 15	
	148.2	0.59	80.74	353.74	15.31	−0.229 15	生油阶段
	157.6	0.59	72.32	345.32	15.31	−0.229 15	
	167.8	0.61	94.8	367.8	15.31	−0.214 67	
	177.2	0.65	102.54	375.54	14.83	−0.187 09	
	193.2	0.73	113.72	386.72	12.77	−0.136 68	
	199.5	0.9	136.36	409.36	9.93	−0.045 76	
印支期	209.35	1.2	152.34	425.34	9.24	0.079 181	
	211.35	1.22	155.08	428.08	9.12	0.086 36	
	228.6	1.63	173.14	446.14	8.18	0.212 188	
	248.16	2.01	186.76	459.76	7.48	0.303 196	湿气阶段
	252.6	2.08	189.52	462.52	7.33	0.318 063	
	258.56	2.27	199.75	472.75	6.89	0.356 026	
	267	2.66	212.27	485.27	6.26	0.424 882	
	267.76	2.67	213.29	486.29	6.21	0.426 511	
	282.7	3	220.17	493.17	5.7	0.477 121	
燕山期	293.2	3.14	222.82	495.82	5.45	0.496 93	
	308.2	3.17	205.37	478.37	5.45	0.501 059	
	333.2	3.18	177.78	450.78	5.45	0.502 427	
	345.78	3.18	151.22	424.22	5.45	0.502 427	干气阶段
	348.2	3.18	146.17	419.17	5.45	0.502 427	
	363.2	3.18	126.72	399.72	5.45	0.502 427	
	388.2	3.18	102.92	375.92	5.45	0.502 427	
	413.2	3.18	88.02	361.02	5.45	0.502 427	
喜马拉雅期	418.2	3.18	87.73	360.73	5.45	0.502 427	
	423.2	3.18	87.35	360.35	5.45	0.502 427	
	428.2	3.18	87.22	360.22	5.45	0.502 427	

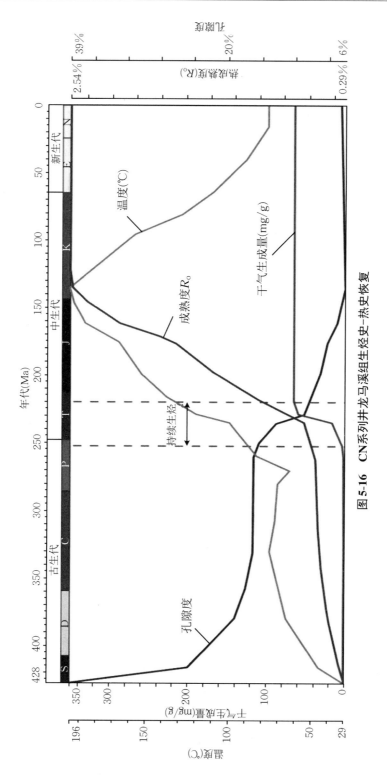

图 5-16 CN系列井龙马溪组生烃史-热史恢复

模拟结果表明:受沉积构造过程控制,CN 系列井龙马溪组烃源岩经历了长期地持续深埋,热演化温度呈阶段性变化,有机质成熟度呈阶段性升高(图 5-17)。主要分为五阶段:

5.2.1.1 加里东期

沉积自志留系一直到志留纪末,环境相对稳定,受热时间持续 12.2 Ma,龙马溪组底部有机质受热温度约在 52.85 ℃,烃源岩尚未进入成熟阶段(R_o 约为 0.35%),龙马溪组孔隙度由沉积初期 35.15% 减小至 22.41%。

5.2.1.2 海西期

进入海西期,目的层表现出以波动性深埋和小范围抬升为主,至 330 Ma 龙马溪组有机质热成熟度约为 0.56%,储层温度为 86.3 ℃,孔隙度为 15.31%,有机质逐渐进入生油阶段;之后,受区域性抬升控制,龙马溪组地层以抬升作用为主,泥盆纪-石炭纪地层未沉积或局部沉积之后遭受剥蚀,直到中二叠世(约 260.4 Ma)抬升作用结束,地壳再次下降继续接受沉积,龙马溪组有机质热演化过程得以继续。海西期结束,龙马溪组有机质热成熟度约为 0.65%,储层温度为 102.54 ℃,孔隙度为 14.83%。

5.2.1.3 印支期

进入印支期,随着上覆地层不断沉积,龙马溪组埋深不断增加,至印支期结束储层最大埋深约为 3 300 m。持续的深埋作用,使储层温度不断升高,有机质不断熟化,生烃量逐渐增加,由早期的生油阶段开始进入湿气阶段。印支期结束,储层温度达到 173.14 ℃,有机质热成熟度约为 1.63%,储层孔隙度为 8.18%。

5.2.1.4 燕山期

进入燕山期,研究区总体处于受到挤压的构造环境,具前陆盆地性质,沉积作用广泛发生,沉积了巨厚的侏罗系-白垩系地层。至 175.6 Ma,龙马溪组进入干气阶段,R_o 值达到 2.08%,储层埋深达到 3 793 m,储层温度约为 189.52 ℃,储层孔隙度为 7.33%;至燕山中幕结束,储层表现为持续深埋作用,储层达到历史最大埋深(4 830 m),储层温度约为 222.82 ℃,储层孔隙度为 5.45%,有机质成熟度约为 3.14%,持续深埋导致储层有机质发生长期的持续生烃作用,大量的页岩油被裂解,以甲烷为主要成分的页岩气在此阶段生成,这是龙马溪组主要成藏期次;进入燕山晚幕,深埋作用结束,地层以区域性抬升作用为主,生烃作用停滞。

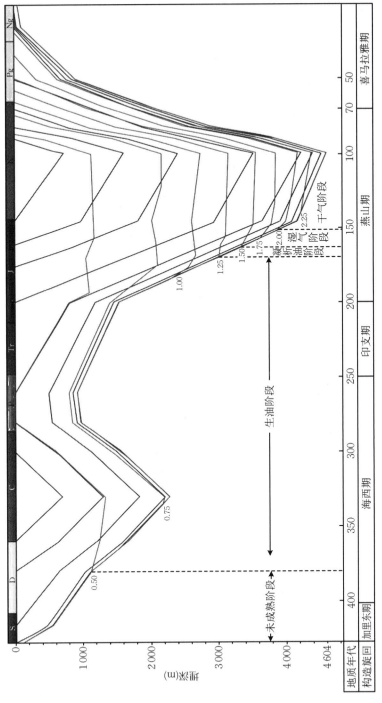

图 5-17 小溪村剖面埋藏史恢复

5.2.1.5　喜马拉雅期

喜马拉雅期以继承性的抬升、剥蚀作用为主,该阶段成熟演化很微弱,生烃基本停止,储层成熟度与有机质熟化于燕山中幕基本定型,喜马拉雅期为储层改造和页岩气成藏后再调整的天然气重新分配阶段。喜马拉雅期结束时储层埋深约为2 205 m,抬升幅度达到2 625 m,储层温度约为87.22 ℃。

5.2.2　小溪村剖面埋藏史恢复

以下结合实测剖面资料及区域地层资料,恢复小溪村剖面志留系龙马溪组沉积以来的地层沉积-剥蚀数据,对埋藏史进行反演(表5-6)。结果表明,小溪村龙马溪组在沉积之后稳定埋深,于海西中期发生了两次小规模抬升,自印支期起进入长时期的稳定埋藏阶段,最大埋深达4 604 m。之后,受喜马拉雅运动影响,龙马溪组发生大规模的隆升剥蚀作用,最终抬升至地表,页岩气藏遭到彻底破坏(图5-18)。

表5-6　小溪村志留纪龙马溪组地层沉积-剥蚀数据表

地层	顶界(m)	底界(m)	残余厚度(m)	剥蚀厚度(m)	沉积时间		剥蚀时间	
					起(Ma)	止(Ma)	起(Ma)	止(Ma)
K	0.00	0.00	0.00	730	145.50	100.00	100	90
J$_3$	0.00	0.00	0.00	900	161.20	145.50	90	82
J$_2$	0.00	0.00	0.00	800	175.60	161.20	82	70
J$_1$	0.00	0.00	0.00	1100	199.60	175.60	70	50
T	0.00	0.00	0.00	700	260.00	199.60	50	15
P	0.00	0.00	0.00	700	360.00	330.00	330	300
C	0.00	0.00	0.00	600	380.00	360.00	300	280
D	0.00	0.00	0.00	500	416.00	380.00	280	
S$_{2+3}$	0.00	0.00	0.00	350	428.20	416.00	270	
S$_1 l$	0.00	65.80	65.80		438.00	428.20		

以下结合Easy%R$_o$数值模拟技术与四川盆地古地温梯度相关资料,对小溪村志留系龙马溪组有机质的成熟度演化进行模拟,揭示了志留系烃源岩在地质历史中成熟演化历程(表5-7)。

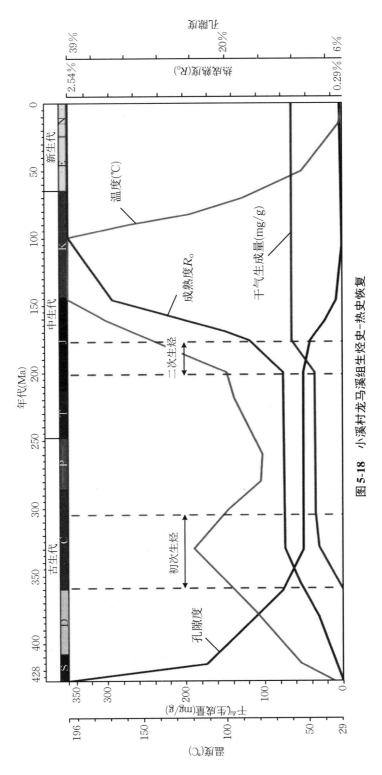

图 5-18 小溪村龙马溪组生烃史-热史恢复

表 5-7 小溪村龙马溪组底部页岩成熟度演化模拟

构造演化阶段	受热时间（Ma）	R_o	受热温度（℃）	绝对温度（K）	孔隙度	lg R_o	热演化阶段
加里东期	0	0.29	34.31	307.31	38.85	−0.537 6	未成熟阶段
	12.2	0.36	57.42	330.42	22.29	−0.443 7	
海西期	48.2	0.53	85.82	358.82	16.44	−0.275 72	生油阶段
	68.2	0.65	102.55	375.55	13.06	−0.187 09	
	98.2	0.82	124.73	397.73	10.56	−0.086 19	
	128.2	0.83	99.19	372.19	10.56	−0.080 92	
	130.13	0.83	97.17	370.17	10.56%	−0.080 92	
	146.94	0.83	80.33	353.33	10.56%	−0.080 92	
	148.2	0.83	79.04	352.04	10.56%	−0.080 92	
	158.2	0.83	78.8	351.8	10.56%	−0.080 92	
	168.2	0.83	77.96	350.96	10.56%	−0.080 92	
印支期	209.35	0.83	95.08	368.08	10.56%	−0.080 92	
	211.35	0.83	95.83	368.83	10.56%	−0.080 92	
	228.6	0.83	99.63	372.63	10.56%	−0.080 92	
燕山期	252.6	1.06	143.68	416.68	9.75%	0.025 306	湿气阶段
	258.56	1.23	156.64	429.64	8.96%	0.089 905	
	267	1.54	171.22	444.22	7.98%	0.187 521	
	267.76	1.56	172.97	445.97	7.9%	0.193 125	
	282.7	2.18	195.5	468.5	6.53%	0.338 456	
	328.2	2.54	195.76	468.76	5.83%	0.404 834	干气阶段
	338.2	2.54	158.84	431.84	5.83%	0.404 834	
	346.2	2.54	121.13	394.13	5.83%	0.404 834	
	358.2	2.54	90.16	363.16	5.83%	0.404 834	
喜马拉雅期	378.2	2.54	53.85	326.85	5.83%	0.404 834	
	413.2	2.54	31.37	304.37	5.83%	0.404 834	
	428.2	2.54	29.06	302.06	5.83%	0.404 834	

模拟结果表明:受沉积构造作用控制,小溪村地区龙马溪组烃源岩经历了长期的持续深埋作用,受热温度呈阶段性变化,有机质成熟度呈阶段性升高(图5-18)。主要阶段如下:

5.2.2.1　加里东期

自志留系沉积到志留纪末,沉积环境相对稳定,受热时间持续12.2 Ma,龙马溪组底部有机质受热温度约在57.42 ℃,烃源岩尚未进入成熟阶段(R_o约为0.36%),龙马溪组孔隙度由沉积初期的38.85%减小至22.29%。

5.2.2.2　海西-印支期

进入海西期,目的层地质主要以波动性深埋和小范围抬升为主,至380 Ma龙马溪组有机质热成熟度约为0.65%,储层温度为102.55 ℃,孔隙度为13.06%,有机质进入生油阶段;之后,受区域性抬升控制,龙马溪组地层以受抬升作用为主,泥盆纪-石炭纪地层未沉积或局部沉积之后遭受剥蚀,直到晚二叠世(约199.6 Ma),抬升作用结束地壳再次下降继续接受沉积,龙马溪组有机质热演化过程得以继续。印支期结束,龙马溪组有机质热成熟度约为0.83%,龙马溪组有机质经历初次生烃阶段,储层温度为99.63 ℃,孔隙度为10.56%。

5.2.2.3　燕山期

进入燕山期,研究区总体处于受到挤压的构造环境,具前陆盆地性质,沉积作用广泛发生,沉积了巨厚的侏罗系-白垩系地层。至161.2 Ma,龙马溪组进入湿气阶段,R_o值达到1.54%,储层埋深达到3 460 m,储层温度约为171.22 ℃,储层孔隙度为7.98%;至燕山中幕结束,储层表现为持续深埋作用,储层达到历史最大埋深(4 604 m),储层温度约为195.76 ℃,储层孔隙度为5.83%,有机质成熟度约为2.54%,龙马溪组有机质经历二次生烃阶段,大量的页岩油或湿气进一步发生裂解,形成以甲烷为主要成分的页岩气,是页岩气主要成藏期次;进入燕山晚幕,深埋作用结束,地层以区域性抬升作用为主,生烃作用停滞。

5.2.2.4　喜马拉雅期

喜马拉雅期以继承性的抬升、剥蚀作用为主,该阶段成熟演化很微弱,生烃基本停止,储层成熟度与有机质熟化于燕山中幕基本定型,喜马拉雅期为储层改造和页岩气成藏后再调整的天然气重新分配阶段。喜马拉雅期结束龙马溪组抬升至地表,龙马溪组页岩气遭受彻底破坏。

5.2.3 页岩孔隙特征与成熟度演化关系

5.2.3.1 基于液氮吸附结果计算孔隙分形维数

可通过液氮吸附实验获得页岩中孔径数值,以此研究页岩的孔隙结构与特征。从 F-1～F-9 页岩样品的氮气吸附-脱附曲线(图 5-19)可知,不同成熟度页岩的吸附曲线较为相似,表现为当相对压力较小($P/P_0<0.5$)时,氮气吸附曲线呈轻微的下凹状,此时为气体单层吸附过程;在相对压力 $P/P_0=0.5$ 附近,氮气吸附曲线出现拐点,这是气体单层吸附与多层吸附的分界点,气体吸附量开始增大;当相对压力较大($P/P_0>0.5$)时,氮气吸附曲线呈轻微的上凸状,说明存在介孔和宏孔,此时页岩中出现多层吸附过程,气体吸附量快速增长;此外,在吸附曲线的末端曲线迅速上升,吸附没有达到饱和,说明有大孔存在,且孔径分布不均匀。根据页岩样品的脱附曲线可以将其分为两类:样品 F-1、F-2 与 F-9 为第一类,其脱附曲线与吸附曲线差异较小,仅在相对压力大于 0.5 时脱附曲线轻微上升,说明页岩内部以孔径较小的狭缝孔为主。其余样品的脱附曲线产生了比较明显的回滞环,在相对压力等于 0.50 时陡然下降,说明页岩内部存在孔隙空间较大的墨水瓶状孔隙;在相对压力小于 0.45 时,脱附曲线与吸附曲线相差较小,随着相对压力减小,两者趋于重合。

分形维数常被用来定量表征多孔隙固体表面的几何形态,其值大小介于 2～3 之间,一般认为 2 表示绝对光滑的表面,3 则表示绝对粗糙的表面。目前,利用气体吸附-解吸实验计算多孔隙固体分形维数的模型较多,主要有 BET 分形模型、Langmiur 分形模型、Henry 定律分形模型、Freundlich 公式分形模型和 Frenkel-Halsey-Hill(FHH)分形模型。其中,FHH 模型简单易用、适应性强,应用最为广泛。

FHH 模型是 Pfeifer P 等提出的,应用低温液氮所得的吸附数据计算分形维数的方法,其表达式为

$$\frac{V}{V_m} = c \times \left[RT \times \ln\left(\frac{P_0}{P}\right) \right]^{-1/s} \tag{5-4}$$

式中:V 为平衡压力 P 下的吸附气体量;V_m 为单层覆盖体积;c 为特征常数;R 为通用气体常数;T 为绝对温度;指数 s 依赖于分形维数和气体吸附机制。

方程(5-4)等号两边同时取对数,可以转化为以下形式:

$$\ln V = const + s \times \ln\left[\ln\left(\frac{P_0}{P}\right) \right] \tag{5-5}$$

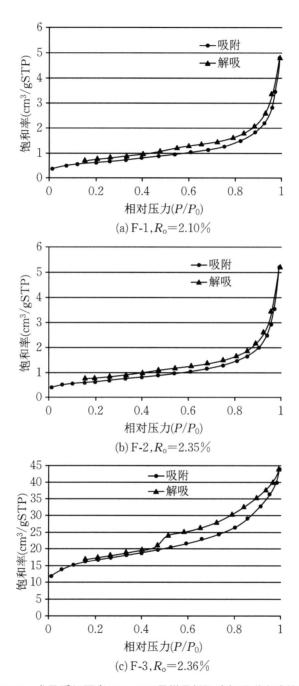

(a) F-1, $R_o=2.10\%$

(b) F-2, $R_o=2.35\%$

(c) F-3, $R_o=2.36\%$

图 5-19　龙马溪组页岩 F-1~F-9 号样品低温液氮吸附实验结果

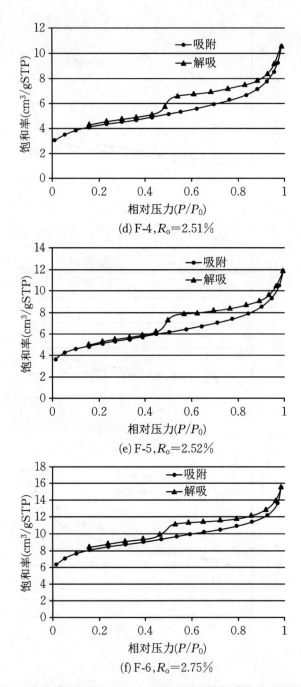

(d) F-4,R_o＝2.51％

(e) F-5,R_o＝2.52％

(f) F-6,R_o＝2.75％

图 5-19　龙马溪组页岩 F-1～F-9 号样品低温液氮吸附实验结果(续)

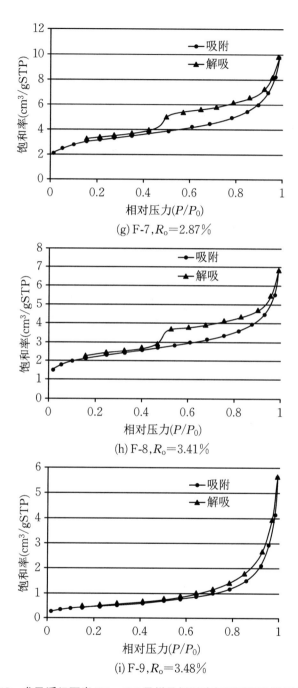

(g) F-7, $R_o = 2.87\%$

(h) F-8, $R_o = 3.41\%$

(i) F-9, $R_o = 3.48\%$

图 5-19 龙马溪组页岩 F-1~F-9 号样品低温液氮吸附实验结果(续)

根据 FHH 分形理论，$\ln V$ 与 $\ln\left[\ln\left(\dfrac{P_0}{P}\right)\right]$ 的回归直线斜率 s 可以用来计算分形维数 D：

$$D = s + 3 \tag{5-6}$$

通过 FHH 模型计算得到页岩样品的分形维数可用来定量表征页岩孔隙的非均质性。页岩作为多孔隙固体，针对其中孔隙发育规律的 FHH 回归均具有统计意义，以样品 F-4 与 F-7 为例（图 5-20），选取氮气等温吸附数据，利用 $D=s+3$ 进行分形维数的计算。根据式(5-5)作分形拟合曲线，应用最小二乘法原理对曲线进行拟合，$\ln V$ 和 $\ln\left[\ln\left(P_0/P\right)\right]$ 之间存在线性关系，并且相关系数均在 96% 以上，拟合度极好，反映拟合结果的可行性。根据 FHH 模型计算的分形维数结果见表 5-8，分形维数 D 在 $2.499\sim2.860$，平均为 2.713；页岩的平均分形维数较大，说明

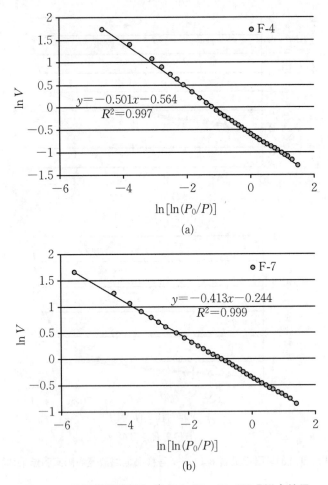

图 5-20　低温氮气吸附 $\lg V$ 与 $\lg\left[\lg\left(P_0/P\right)\right]$ 拟合结果

页岩孔壁表面较粗糙、不平滑，从而使得页岩中孔隙具有较强的非均质性。

表 5-8 FHH 模型页岩分形维数计算结果

样品编号	s	$D=s+3$	R^2	样品编号	s	$D=s+3$	R^2
F-1	−0.414	2.586	0.999	F-6	−0.247	2.753	0.989
F-2	−0.210	2.790	0.981	F-7	−0.413	2.587	0.999
F-3	−0.237	2.763	0.984	F-8	−0.140	2.860	0.960
F-4	−0.501	2.499	0.997	F-9	−0.225	2.775	0.980
F-5	−0.196	2.804	0.975				

5.2.3.2 不同成熟阶段页岩孔隙特征

为更好地表征页岩沉积埋藏过程中孔隙演化的全过程，以下选择不同成熟度的页岩样品探讨孔隙特征与成熟度的演化关系。其中未成熟-低成熟页岩（$0.35 \leqslant R_o \leqslant 1.41$）的分形维数引用 Chen 等（2015）的结果，中等成熟-过成熟选用中上扬子区域的计算结果，综合分析可得出页岩在沉积埋藏过程中不同成熟度阶段纳米孔隙特征的变化规律（图 5-21）。拟合结果表明，随着热成熟度升高，分形维数表现为先降低再升高，最后趋于稳定的多阶段变化趋势。当 $R_o < 0.8\%$ 时，分形维数随热成熟度升高而降低；当 $0.8\% < R_o < 3.0\%$ 时，分形维数随热成熟度升高而升高；当 $R_o > 3.0\%$ 时，分形维数随热成熟度升高逐渐开始稳定。仔细研究发现，页岩孔隙分形维数变化特征受各阶段的岩石物理及地球化学反应控制：沉积初期，机械压实作用首先降低页岩样品的中孔及大孔孔容，页岩孔径分布范围缩小，孔隙粗糙程度下降，页岩分形维数下降；进入生油期之后，页岩开始生成烃类物质，干酪根的演化

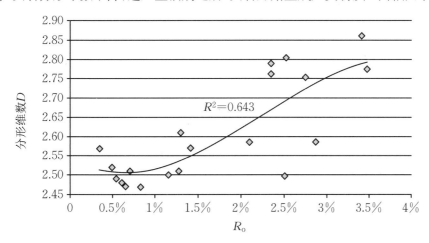

图 5-21 页岩储层孔隙分形维数与成熟度相关关系

及新孔隙的生成,均增加了页岩中纳米级孔隙分布的复杂性,分维数逐渐增加;同时,成岩过程中伴随的其他物理及化学变化,如温度升高、水分散失及有机质芳香结构的复杂化,也会增加孔隙的非均质性;进入过成熟阶段,页岩中烃类演化基本结束,主要是构造运动对孔隙类型进行改造,分形维数变化较小。

结合 Chen 等(2015)关于未成熟-低成熟页岩中纳米孔隙关于孔容及比表面积的测试结果,综合得出页岩从沉积成岩初期至高-过成熟阶段,孔容与比表面积呈现出比较相似的变化趋势,两者均反映出多期次不同程度的变化(图 5-22)。沉积埋藏初期,R_o 小于 1.0%时,处于未成熟阶段,初期页岩中孔容及比表面积均较大,埋深增加导致的机械压实作用使中孔孔容与比表面积迅速减小,比如 R_o 为 0.35%时,孔容为 0.026 58 cm^3/g,比表面积为 12.08 m^2/g;R_o 为 1.0%时,孔容为

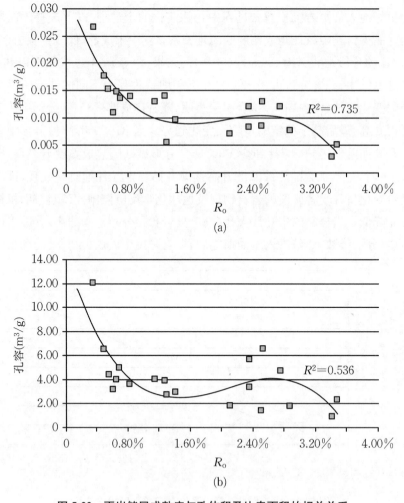

图 5-22　页岩储层成熟度与孔体积及比表面积的相关关系

0.011 00 cm³/g,同比减少 58.6%,比表面积为 3.23 m²/g,同比减较少 73.3%;中等成熟阶段时($1.0\% < R_o < 1.6\%$),页岩进入生油期后发生干酪根的演化,烃类物质生成一定程度补充了机械压实造成的孔容与孔比表面积的减小,此阶段页岩中总孔容与比表面积保持基本不变;随着热演化程度进一步加深,进入高成熟阶段($1.6\% < R_o < 2.6\%$),为大量裂解生气阶段,页岩属于低孔低渗储层,生成的油气短期内不能有效运移,储层超压以及伴随生烃形成的有机质纳米孔与有机酸造成的矿物间孔隙的特征更加复杂,多因素导致页岩孔容与比表面积短期内增大;页岩处于过成熟阶段时($2.6\% < R_o$),随着埋深加大、生烃过程结束及长时间压力的释放,储层欠压实逐渐消失,孔隙演化逐步回归正常压实趋势,页岩中孔容与比表面积降低,但降低程度有限。对不同成熟度页岩中孔容与比表面积的变化关系进行拟合未得到较好的拟合关系,反映出页岩中纳米孔隙特征受沉积环境、有机质类型、古地温压环境及后期构造作用等多个因素共同作用形成。

5.3 川南地区龙马溪组成熟-生烃史演化特征

本节结合单井沉积埋藏史、有机质成熟史恢复结果,并收集刘树根等(2008)、陈尚斌等(2012)、聂海宽等(2016)、何治亮等(2017)的研究成果,探讨区域上志留系龙马溪组黑色页岩成熟-生烃史,将川南地区分为加里东期-海西期、印支期、喜马拉雅期及燕山期四个主要生烃演化阶段。研究川南地区龙马溪组生烃演化平面展布特征,对探究龙马溪组页岩气主力生烃期次有较好的指导作用。

5.3.1 加里东期

晚奥陶世,中国南方扬子板块受宜昌运动的影响,盆地开始收缩,沉积水体逐渐变浅,到早志留世,海水开始后退。晚志留世时受加里东运动影响,华南和扬子区基本上整体隆升成陆,并遭受一定量的剥蚀,在扬子区形成了"大隆大坳"的构造格局。当时,志留系的残存区主要分布在川、渝、湘、鄂四省,少量存在于陕西南部和贵州北部地区。

加里东期形成的古隆起主要有江南隆起、黔中隆起、乐山-龙女寺隆起、汉中-大巴山古隆起。在四川盆地乐山-龙女寺古隆起的核部志留系大面积缺失,同时在其南东侧形成了坳陷区,两者相对隆升幅度超过 1 200 m。在扬子板块与华南板块的碰撞作用下,川东-湘鄂西地区形成了巨厚的前陆坳陷沉积;湘鄂西地区志留系厚度最大达到了 1 800 m,该期烃源岩的埋深主要取决于志留系的厚度,总体来说南方地区残余志留系沿乐山-龙女寺古隆起、汉中-大巴山古隆起、黔中古隆起边缘由西向东方向逐渐变厚。

根据烃源岩演化规律,依据实测烃源岩样的等效镜质组反射率,结合古地温场分析,利用 Easy%R_o 数值模拟技术,反演得到各个构造期次的烃源岩成熟度。研究表明,志留纪时古地温场正常,古地温梯度约为 30 ℃/km。由于当时烃源岩的埋藏并不深,有机质的受热温度相对较低,为 50~60 ℃,烃源岩的成熟度较低,均处于未熟阶段,还未进入生烃门限(R_o=0.5%)。烃源岩成熟程度与志留系的埋深紧密相连,即受志留系厚度控制,由各个古隆起区向外逐渐加大,在川东南坳陷区镜质体反射率值达到 0.3%(图 5-23(a))。

5.3.2　海西期

受加里东运动和柳江运动影响,扬子主体持续整体抬升,志留系长期接受风化剥蚀,同时扬子区东部地貌逐渐被夷平,受全球海平面上升和早泥盆世后期构造伸展引起盆地基底沉降的影响,NE 及 NW 向深大断裂开始出现拉张,海水入侵。该阶段盆地演化基本受控于基底构造。

到晚泥盆世早期,海水扩张范围加大,大致覆盖扬子地台南部、中部地区,上扬子中北部仍为隆起状态。晚石炭世,海侵加大,淹没江南隆起带和中扬子中部地区。

在晚石炭世的云南运动后,研究区域构造发生了较大的变化,除扬子板块北缘仍继承了大陆边缘环境外,扬子区基本隆升成陆,沉积间断,遭受风化剥蚀,大致演化成北高南低、西高东低的构造格局。川东中部开江-梁平一带隆起带沿 NE 向延伸发育,石炭系剥蚀殆尽。但是总的来说,加里东运动后,中上扬子区的大部分地区长期以抬升剥蚀为主,全区内的泥盆-石炭沉积厚度较小,志留系烃源岩埋深变化较小。

二叠纪,南方大部分地区出现沉降,接受沉积。早二叠世末的东吴运动使钦防海槽开始关闭,区内由扬子东南部开始出现隆升局面。除了华夏古陆外,云开古陆、川滇古陆相继隆起。同时,川滇中西部发育二叠系峨眉山大陆玄武岩喷发裂陷运动(峨眉山地裂运动),此次运动的前期发展阶段始于泥盆纪,但是到中二叠世晚期-晚二叠世早期才达到玄武岩喷发高潮,包括四川盆地在内的上扬子地台西南缘发育陆内裂谷并伴有大面积玄武岩喷发,此次运动主要受断裂控制。峨眉山玄武岩广泛分布于川、滇、黔、桂诸省区,覆盖面积约 300 000 km²。本区玄武岩主要发育在川西南地区,位于大部分志留系烃源岩沉积分布区之外,且以披盖式分布为

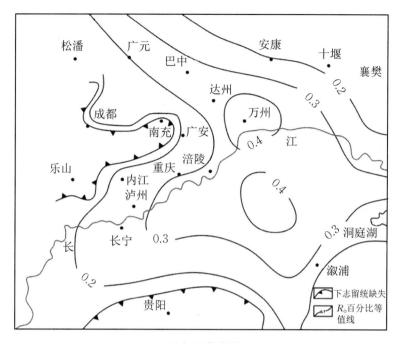

(a) 加里东末期

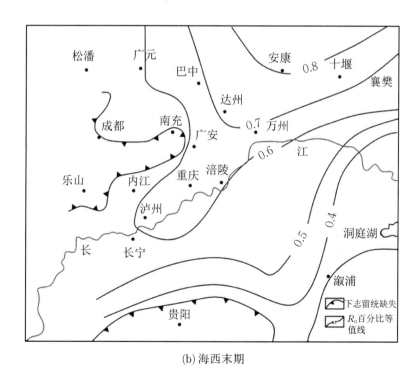

(b) 海西末期

图 5-23 加里东-海西期龙马溪组有机质成熟度特征

主。由于岩浆热向下的热传导作用比往上影响要小得多,而且在岩浆分布区有 1 000 m 以上的志留系-二叠系沉积,故只有在主喷发区周围烃源岩的演化受到影响,区域整体上影响不是太大。到二叠纪末,在川东南地区,除泸州一带相对于两侧为古隆起,其他地区仍为坳陷区,志留系底部烃源岩埋深在 2 300 m 左右。到达开江-梁平隆起带时,因与之前的川东-湘鄂西坳陷沉积相互抵消,故该区域志留系底部烃源岩埋深与周边区域并无太大差异,也在 2 100~2 300 m。

由于区域的泥盆纪-石炭纪沉积厚度向北侧呈逐渐增厚的趋势,故志留系烃源岩埋深往北也有加大的趋势,深度应在 2 500 m 以上。

受川滇中西部峨眉山地裂运动影响,玄武岩大量喷发,本区的西南部分地区在二叠纪时地温梯度超过 3.5 ℃/100 m,龙马溪组受热温度为 100 ℃ 左右,热演化程度普遍大于 0.5%,进入生烃门限。区域东端和北端烃源岩演化还是主要受埋深影响,都有增大趋势,川南地区 R_o 值达到了 0.6%,向 NE 方向表现出一定程度的增大趋势(图 5-23(b))。

5.3.3　印支期

东吴运动后,随着早三叠世强烈的陆内裂陷活动,该时期本区以差异隆升为主,隆起区演化成碳酸盐岩台地,坳陷区发展为台盆,靠近华夏古陆侧发育浅水三角洲。

受中三叠世末的印支运动影响,扬子地区全面隆升,本区海相地层发育基本结束。此外扬子与华北陆块完全拼合在一起,而且使印支地块和三江地区分别与华南和扬子陆块相拼合。

在东吴运动后形成的开江-梁平古隆起在印支期为继承性发育,此时在附近形成的还有石柱古隆起。在中三叠世末的印支运动早幕,开江-梁平古隆起转为 NNE 向发育,西南与泸州古隆起,北与大巴山古隆起以鞍部相接。古隆起核部地区志留系烃源岩的埋藏深度为 3 400 m 左右,烃源岩的受热温度可为 120 ℃ 左右,由开江、石柱古隆起往东至湖南地区,其埋深逐渐增大到 4 600 m 左右,受热温度高达 150 ℃。

在埋深及地温梯度的控制下,三叠纪末,泸州、开江、石柱三大古隆起核部的志留系烃源岩成熟度基本上都达到了 0.8%,以其为中心,外围地区则达到了 0.9% (图 5-24(a))。

5.3.4　燕山期

燕山期内可分为燕山早期和燕山晚期两个阶段。晚三叠世末,龙门山、大巴山

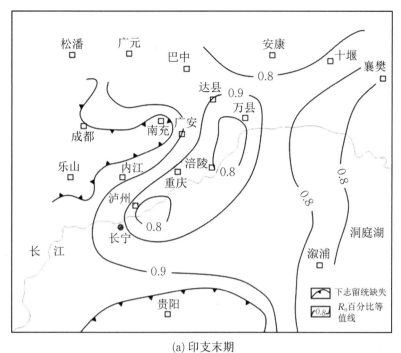

(a) 印支末期

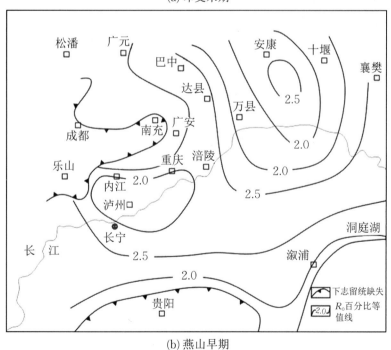

(b) 燕山早期

图 5-24 印支-燕山早期龙马溪组有机质成熟度特征

进一步冲断、褶皱成山,在坳陷区则侏罗纪-白垩纪开始接受沉积。

早侏罗世,龙门山与大巴山开始强烈的抬升,沉积中心在广元-巴中-万州一带,呈近东西向展布。中侏罗世早期,南方的沉积格局基本不变。在中侏罗世中期受燕山早幕的影响,沉积格局发生一定的变化,呈东厚西薄的特点,沉积中心主要位于大巴山前缘的万源-达州-万州一带。在中侏罗世晚期四川盆地东侧全面抬升,成为物源供应区,开县、忠县地区成为沉积中心,万源地区超过 2 000 m,开县一带为 1 500 m 左右。

晚侏罗世早期,四川盆地以湖泊沉积为主,沉积厚度大概稳定在 300~500 m。到晚侏罗世末,沉降中心往西方向迁移。总的来说,南方地区侏罗系沉积厚度呈现由西南向北东方向递增的趋势。

三叠纪和侏罗纪期间南方地区以沉降为主,接收了巨厚沉积,志留系烃源岩也以较快的速度深埋,热演化程度急剧升高,$Easy\%R_o$ 法模拟结果表明,在早中侏罗世烃源岩反射率值就达到了 1.3%,已过了生油高峰,生气量显著增加。

晚侏罗世末,南方地区志留系烃源岩成熟度普遍超过 2.0%,古隆起以及其余边缘地区由于埋深较小,演化程度不高,在万州 NE 方向侏罗系沉积中心以及各个古隆起之间的相对坳陷区域,成熟度值最大为 2.5% 左右(图 5-24(b))。

到燕山晚期,白垩系底与下伏侏罗系为假整合接触,与上覆古近系和新近系为连续沉积整合接触。白垩系是在已经缩小了的湖盆基础上沉积的。早白垩世时南方四川盆地的大部分地区可能仍处于隆起状态,没有接收沉积,只是在川西、川西北沉积有天马山组。晚白垩世(夹关期和灌口期)湖盆范围扩大,有较广泛的沉积,物源区主要是龙门山古陆,其次为康滇古陆,沉降中心都在古陆前缘,分别形成川西、川北、川南以及西昌等坳陷。燕山运动晚幕的影响使晚白垩世沉积中心转移至四川盆地西南。

研究区内下白垩统沉积并不广泛,现今大部分地区都没有发现残余的下白垩统,仅在四川盆地北部和重庆南部贵州北部以及宜昌东南部存在下白垩统残余沉积。由于南方各大古隆起均具有继承性发展的特点,泸州、万州地区仍然埋深较浅,在 6 600 m 左右,总体趋势是东深西浅,在湘鄂地区甚至达到了近万米。研究区志留系烃源岩基本上在晚白垩世达到最大埋深,到白垩纪末,有机质的热演化程度也基本定型。

南方各区经历的构造演化阶段不一,但龙马溪组在燕山期末普遍达到最大埋深,其受热温度超过 200 ℃,烃源岩成熟度、生烃演化基本定型,泸州与万州地区由于受古隆起继承性发展的影响,继续作为相对低演化区,热演化程度在 2.5% 左右,其余地区高者超过了 3.0%,进入了热演化的过成熟阶段(图 5-25(a))。

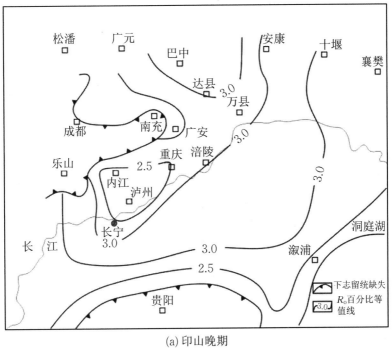

(a) 印山晚期

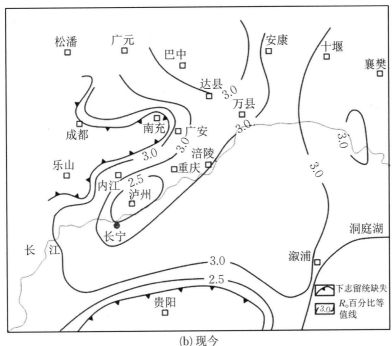

(b) 现今

图 5-25 燕山晚期-现今龙马溪组有机质成熟度特征

5.3.5 喜马拉雅期至今

喜马拉雅期南方较大规模隆升剥蚀,使新近系与下伏地层角度不整合。自新近纪开始,受青藏高原隆起影响,本区受 EW 向应力挤压,三江和上扬子地区整体隆升,中、下扬子普遍抬升,仅在相对低洼处沉积了坳陷型披盖性沉积(以河流相为主)。

在整个南方地区,喜马拉雅期的整体隆升幅度巨大,平均剥蚀了 2 000~4 000 m 地层,特别是后期构造活动剧烈的地方,部分区域志留系甚至出露地表,而大部分地区则出露了侏罗系地层,白垩纪地层也大面积被剥蚀,导致志留系烃源岩的埋藏深度在区域上有较大的分异,但志留系龙马溪组的成熟度与生烃演化基本为停滞状态(图 5-25(b))。

6 川南地区源-盖匹配及构造保存特征

6.1 川南地区页岩气"生-储-盖"组合特征

中国页岩气勘探表明,区域地质和储层地质的复杂性决定了页岩气富集主控因素及其分布规律(金之钧,2005;付广,2006;薛华庆等,2013),集石油地质的"生、储、盖、运、聚、保"六要素于一体。但由于页岩气以短距运移为主,且源岩即为生气层,因此这六要素可以概括为"源、储、盖、保",其中"源"为有机碳控制的源岩生烃条件;"储"为源岩成岩作用及干酪根裂解排烃后形成的无机质孔和有机质孔提供页岩气储集条件;"盖"为页岩层上、下的各种致密层;"保"即为页岩气的保存条件,川南地区的保存条件主要受到构造控制。四种要素中的"源岩-储层-盖层"匹配旨在强调页岩气源岩、储层和盖层的共同作用控制了页岩气的富集程度。

6.1.1 源岩特征

结合钻井岩芯与地层露头研究发现,龙马溪组岩性主要为炭质页岩、黑色页岩、黏土质页岩、粉砂质页岩、泥质粉砂岩、硅质页岩、钙质页岩、泥灰岩,沉积相属于含钙质深水陆盆、泥质半深水陆盆和泥质浅水陆盆。川南地区龙马溪组岩性比较统一,沉积相表现出由东向西渐变的特征。

岩石学实验、有机地化实验及储集层赋存空间定量表征实验的结果表明,川南地区龙马溪组页岩样品中均含有石英、黏土、长石、方解石、黄铁矿、白云石等矿物,以石英、黏土含量为最高,黄铁矿、白云石等含量较少。石英含量为 $26.2\%\sim76.1\%$,平均为 44.72%;黏土矿物含量为 $10.2\%\sim48.9\%$,平均为 26.74%;长石含量为 $0.9\%\sim18.4\%$,平均为 5.65%;碳酸盐含量为 $7.6\%\sim31.7\%$,平均为 21.01%;黄铁矿含量为 $0\sim5.4\%$。有机质类型以 I 型~II$_1$ 型为主,碳同位素检测表明赋存于孔裂隙中的烃类物质来源于页岩中干酪根的直接裂解生成。

总有机碳含量为 $0.78\%\sim11.46\%$(平均为 3.94%),由底到顶表现为总有机碳含量逐渐降低的特点；R_o 为 2.6%～3.65（平均为 2.97%），川南地区龙马溪组页岩均处于高-过成熟阶段；且总有机碳含量大于 2.0% 的黑色页岩厚度均超过 30 m，表明不同区域的页岩在源岩及生烃条件上差异性较小。

6.1.2　区域盖层

焦石坝、威远-长宁和富顺-永川等地区的勘探表明，五峰组和龙马溪组一段底部页岩（WF2～LM4 笔石页岩段）的页岩气勘探潜力较好，但是实际勘探效果差别较大，说明在源岩储层整体差异较小的情况下，还存在其他地质因素影响页岩气的富集。盖层是油气藏形成的必要条件，页岩气开发结果表明区域盖层的存在与否及破坏时间的早晚对现今页岩气藏的富集具有明显的控制作用（表 6-1）。

表 6-1　龙马溪组页岩区域盖层及初始产气量特征

构造位置	钻井名称	区域盖层	压力系数	初始产气量 （10^4 m³/d）
四川盆地内部	焦页 1 井	嘉陵江组	1.55	20.3
	宁 201-H1 井	嘉陵江组时段	2.00	18
	阳 201-H2 井	嘉陵江组 雷口坡组	2.20	43
	丁页 2 井	嘉陵江组	1.55	10.5
	丁页 1 井	无	1.06	3.45
四川盆地外部	彭页 1 井	无	0.96	2.5
	河页 1 井	无	—	微含气
	渝页 1 井	无	—	微含气

多口龙马溪组页岩气钻井初始产气量的统计结果表明，当三叠系嘉陵江组或雷口坡组保存较好时，龙马溪组压力系数均大于 1.5，初始产气量均大于 $10×10^4$ m³/d；在区域盖层遭受构造剥蚀后，龙马溪组多处于常压或欠压状态，初始产气量均较低或仅为微含气。

同时，聂海宽等（2016）结合构造演化史对焦石坝不同区域现今保存的三叠系膏盐岩层的差异进行模拟表明，焦石坝地区处于构造高部位的膏盐岩层被剥蚀殆尽，而处于构造低部位的膏盐岩层（膏熔角砾岩）尚保存部分，说明焦石坝部分地区区域盖层破坏时间较晚。朱臻（2016）同样认为膏盐岩层作为保存较好的区域性盖层，是判断页岩气勘探开发有利区的影响因素之一。

综合分析可知，区域盖层的存在对页岩气有效赋存起积极的作用，具备区域盖层的区域页岩气产量与储层压力系数明显高于区域盖层不存在的区域;同时,区域盖层剥蚀时间晚的页岩气含量明显好于盖层剥蚀时间早的区域。

6.1.3 直接盖层

区域盖层控制着油气的宏观分布规律,具体到某一局部而言对油气藏形成、保存起关键作用的往往是"直接盖层"(金之钧等,2016)。直接盖层为黑色富有机质页岩层顶、底的各种致密岩层,包括泥岩、粉砂质页岩、泥质粉砂岩和灰岩等。直接盖层的岩性、物性参数以及物性参数之间的差异性决定其对下部油气的封闭能力,页岩层系的垂向非均质性是储层自身封闭天然气的先决条件,致密页岩层、粉砂质页岩层可以把天然气封闭在孔隙相对较大的碳质页岩层内。

进一步选取 5 口川南地区龙马溪组钻井(表 6-2),明确不同富集区目标层"源岩-储层-盖层"的主要组合类型。

结合钻井岩芯柱状态,建立龙马溪组"源岩-储层-盖层"组合模式图(图 6-1),可发现龙马溪组下段富有机质页岩层段为目前勘探开发中的主力层段(WF2～LM4 段),储层自身的突破压力大与突破半径小,导致储层存在物性封闭的特点,利于油气的原位赋存;龙马溪组上段为泥灰岩或泥页岩,可充当下部黑色页岩段的直接盖层(LM5～LM6 段),对下部富有机质泥页岩实现了有效封盖,封盖性较好,但局部地区顶板为粉砂岩,其对页岩气封盖能力较差,气体容易逸散;同时,龙马溪组底板为致密瘤状灰岩或龟裂纹灰岩,溶蚀及裂隙相对不发育,封盖性较好,提供了较好的底部封盖效果。

6.2 川南地区页岩气储层突破性能

6.2.1 毛细封闭效率和毛细突破过程

非润湿性通过多孔介质的毛细突破过程如图 6-2 所示。突破压力的实质是一个有着多相孔隙系统的多孔介质(鉴于孔隙的大小分布)的毛细封闭效率(曾宪斌等,1998;邓祖佑等,2000;Hildenbrand et al.,2004;王跃龙,2014)。这个术语反映了非润湿相的超压,同时反映了湿润角在某种程度上超过了渗滤阈值以及非润湿相连续不断地通过孔隙系统的流程。这些流程包括最大流通孔隙,包括毛细管

表 6-2 龙马溪组页岩"源岩-储层-盖层"特征

层位	钻井	顶板	源储	底板	数据来源
龙马溪组	CN系列井	灰黑色泥岩夹含灰泥岩,泥岩纯净,对下部页岩气层具有较好的封隔效果	灰黑色页岩夹灰黑色泥岩,厚度约为 55.6 m,含气量为 1.33~3.67 m³/t	宝塔组为致密灰色瘤状灰岩,厚度超过 65.40 m,岩性较为致密,对上覆页岩气层具有很好的封隔作用	中石油资料
	焦页1井	大套的灰色-深灰色厚层泥岩夹薄层粉砂质泥岩,厚度为 170 m 左右,对下部页岩气层具有较好的封隔效果	富有机质页岩,总烃含量较高,气体保存较好,含气量 0.89~5.19 m³/t	宝塔组连续沉积的灰色瘤状灰岩,泥灰岩,灰岩,浅灰-灰色灰岩,泥灰岩,总厚度 30~40 m,区域分布稳定,岩性致密,对上覆页岩气层具有很好的封隔作用	陈旭等,2015
	彭页1井	泥质灰岩,岩性致密,总烃含量较低,封盖性好	下段富有机质页岩,总烃含量高,气体保存较好,含气量 0.206~1.442 9 m³/t	连续沉积的临湘组、宝塔组灰岩,岩性致密,能有效地阻止目的层排烃	吴逸豪等,2015
	宁201井	深灰色含粉砂质页岩与灰色泥质灰岩不等厚互层,岩性致密,总烃含量较低,封盖性好	富有机质页岩,总烃含量较高,气体保存较好。含气量 3.69~5.14 m³/t	宝塔组灰岩,岩性致密,能有效地阻止目的层排烃	张泽文,2014
	黄金坝	泥质灰岩,岩性致密,总烃含量较低,封盖性好	富有机质页岩,总烃含量较高,气体保存较好,含气量 1.35~3.48 m³/t	连续沉积的洞草沟组瘤状灰岩,岩性致密且未发育古风化壳,能有效地阻止目的层排烃	伍坤宇等,2016

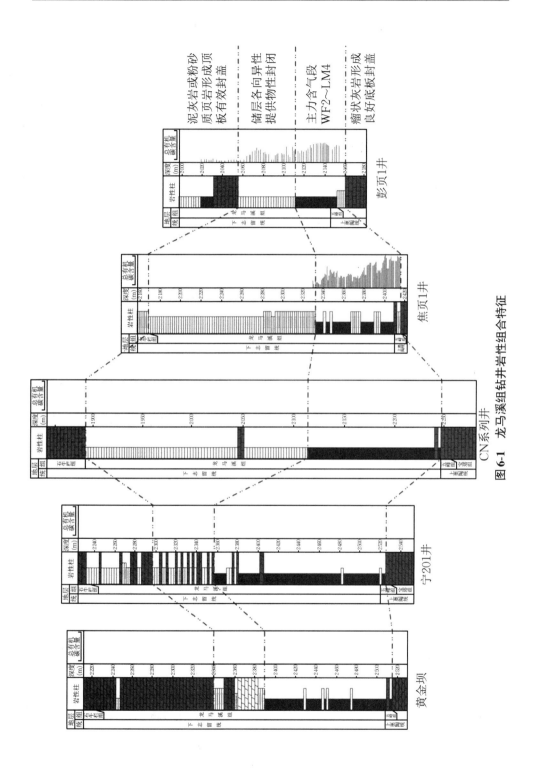

图 6-1　龙马溪组钻井岩性组合特征

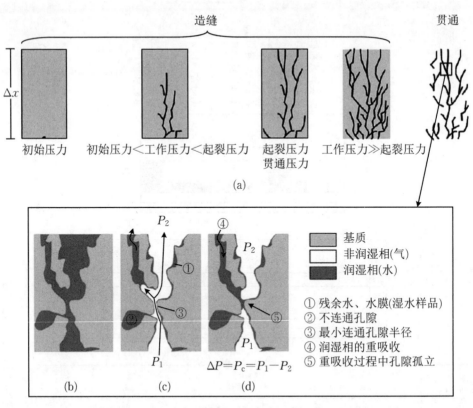

图 6-2　非润湿性通过多孔介质的毛细突破过程（据 Hildenbrand et al. ,2004）

位移的最小阻力。在这一阶段,非润湿相的流动会专注和局限于相互联系的孔隙系统的一小部分。如果超压继续升高,通过多孔介质的多余流动路径将会形成,从而增加了非润湿相的有效渗透率和饱和度,流动路径将变得不那么专注(流动路径分支增加),并且流体流动主要动力由从毛细管主导变为黏性主导(Carruthers et al. ,1998)。

因此,每个通过孔隙系统的流程都可以被定义为有效孔隙半径(r_{eff}),对应于最窄孔喉沿整个路径和对应的毛细管压力,必须克服才能打开通路。一旦超压,之前达到阈值压力的部分与非润湿流体饱和孔隙系统将超过毛细管入口压力。也就是说,足够高的压力可以驱使这个流体进入最大(但不是连通的)孔隙。

在突破后,非润湿相超压的下降会导致润湿相被重新吸收,这一吸收过程从最小的孔隙开始逐渐发展到大一些的空隙(黄志龙等, 1994)。这一过程会由于互相连通的流通路径持续减少从而导致非润湿相的渗透率(或相对渗透率)持续下降。最后,当所有的连通流通路径都被切断,非润湿相的渗透率会减至零。由于连通性下降,压力差会维持在气相封闭压力上。这个压力差的绝对值取决取样品的最大有效孔隙半径,它决定了岩石的毛细封闭效率。重吸收过程中某些充满气体的孔隙可能会变得孤立,流经途径被打断会形成残余饱和度。

6.2.2 页岩气体突破压力实验测试步骤

页岩的气体突破压力是指气体(甲烷)在通过页岩岩芯连续通道时所需克服的最小阻力。其测试步骤如下:

第一步,岩样用超声波清洗后置于恒温烘箱中烘干 8 h,取出称重(m_0),冷却至室温。

第二步,将岩芯置于岩芯夹持器中,上游与气体储气罐相连,下游出口处接一个铁管并置于水中以便观察气泡冒出。连接好仪器,并排除管路中的残余气体。为确保密封,先将围压加至 2 MPa,逐步增大入口端压力。

第三步,由于干页岩气体突破压力较低,突破时间较短,故气体压力从 0.01 MPa 开始增加,每次增加上一次压力的 15%,以 10 min 为间隔逐级加压。当出口连续检测出气体时,说明已达到突破压力。

6.2.3 页岩气体扩散运移方式

选用川南地区龙马溪组露头样品制成柱样测定页岩突破压力与扩散系数。选择平行于页岩层理、垂直于页岩层理与是否发育肉眼可见微裂缝进行对照实验,样品相关实验参数及结果见表 6-3。

表 6-3 页岩气体突破压力实验结果

样品编号	样品产状	长度(cm)×直径(cm)	突破压力 P(MPa)	突破时间 t(s)	扩散系数 ($\times 10^{-5}$ m^2/s)	裂隙发育程度
MD-2	平行样	5.035×2.455	0.13	92	2.928	多条纵向微裂缝
FDCW-1	平行样	5.034×2.460	0.84	5 578	0.046 85	无肉眼可见裂缝
FDCW-2	平行样	5.052×2.464	1.03	24 027	0.009 087	无肉眼可见裂缝
XXC-7	平行样	4.370×2.500	0.98	3 741	0.037 25	无肉眼可见裂缝
MD-2	垂直样	5.025×2.470	1.72	253 352	0.107 6	一条近水平微裂缝
FDCW-1	垂直样	5.033×2.468	1.31	20 699	0.019 74	无肉眼可见裂缝
FDCW-2	垂直样	4.200×2.464	0.90	27 910	0.004 287	无肉眼可见裂缝
XXC-7	垂直样	3.731×2.500	0.99	6 754	0.030 4	无肉眼可见裂缝

结果表明,存在肉眼可见的微裂缝的地层水平扩散系数为无肉眼可见微裂缝的地层的 62.5~322.2 倍;存在肉眼可见的微裂缝的地层的垂直突破压力为无肉眼可见微裂缝的地层的 6.46~7.92 倍;存在肉眼可见微裂缝的地层的垂直扩散

系数为无肉眼可见微裂缝的地层的 3.54~25.10 倍;但在地层垂直突破压力受微裂缝的影响不明显,分析认为可能跟不同区域的页岩各向异性有关。同样条件下,地层平行扩散系数为地层垂直扩散系数的 1.23~27.21 倍,地层垂直突破压力为地层水平突破压力的 0.87~13.23 倍。

储层中微裂缝的发育可以显著提高气体扩散能力,其渗透率对水平与垂直方向差异巨大,地层的水平扩散能力较垂直扩散能力强。同时,页岩储层的地层垂直突破压力明显大于地层水平突破压力,垂向上突破难度大,具有岩性封闭特征。综合分析认为,页岩气在储层中运移方式为短距运移,运移方向是垂向自封闭运移困难而以水平运移为主,气藏聚集通过长时期短距运移实现大范围的油气传递。

6.3　川南地区页岩气赋存相态及逸散特征

6.3.1　不同埋深下吸附气与游离气变化特征

6.3.1.1　不同埋深下吸附气理论计算结果

页岩吸附模型主要包括 L(Langmuir)模型、F(Freundlich)模型、L-F(Langmuir-Freundlich)模型和 D-A(Dubinin-Astakhov)模型等(Ji et al.,2015;付常青等,2016;Harpalani et al.,2006;Singh,Javadpour,2016;付常青,2017;王阳,2017),其原理及公式如下所示:

1. L 模型

L 模型为 Langmuir 提出的单分子层吸附的状态方程,其表达式如下:

$$V = \frac{V_L P}{P + P_L} \tag{6-1}$$

式中,V 为压力 P 时的吸附量,单位为 m^3/t;

V_L 为饱和吸附量,单位为 m^3/t;

P_L 为 Langmuir 压力,单位为 MPa;

P 为平衡压力,单位为 MPa。

2. F 模型

F 模型为 Freundlich 推导出的多分子层吸附的状态方程,其表达式如下:

$$V = aP^n \tag{6-2}$$

式中,a 为 Freundlich 系数,单位为 $m^3/(t \cdot MPa^n)$;

n 为 Freundlich 指数。

3. L-F 模型

L-F 模型综合考虑了吸附剂表面的非均匀性以及被吸附分子之间的作用等复杂因素,其表达式如下:

$$V = V_{\mathrm{L}} \frac{P^n}{P^n + P_{\mathrm{L}}} \tag{6-3}$$

式中,n 为与温度及页岩孔隙分布有关的模型参数,用来校正吸附位与吸附分子,当 $n=1$ 时,即为 L 模型。

4. D-A 模型

Dubinin 和 Astakhov 基于微孔充填及吸附势理论提出了 D-A 模型,其表达式如下:

$$V = V_0 \exp\left\{ -\left[\frac{RT\ln\left(\frac{P_0}{P}\right)}{E} \right]^n \right\} \tag{6-4}$$

式中,V_0 为吸附剂的微孔体积,单位为 mL/g;

E 为吸附特征能,单位为 L · MPa/mol;

n 为与吸附剂非均匀性相关的参数,当 $n=2$ 时即为 D-F 模型。

根据不同吸附模型的拟合曲线,分别计算 Langmuir 体积和 Langmuir 压力。V_{L} 表征最大吸附量,P_{L} 为页岩的吸附量为其最大吸附量一半的压力,即当 $V=V_{\mathrm{L}}/2$ 时,$P=P_{\mathrm{L}}$。

一般将静水压力作为储层压力 P(单位为 MPa),研究区需要考虑压力系数,其计算公式如下:

$$P = \eta \rho_{\mathrm{w}} g h \times 10^{-3} \tag{6-5}$$

式中,η 为压力系数,研究区取值 1.7;

ρ_{w} 为水体的密度,取值 1.0 g/cm³;

g 为重力加速度,取值为 9.80 N/kg;

h 为储层埋藏深度,单位为 m。

代入不同模型进行计算,结果表明 F 模型平均误差最大,L-F 模型及 D-A 模型拟合效果较好,误差值均小于 1%(付常青,2017;王阳,2017)。结合参数选取的合理性和简便性,本书主要选用 L-F 模型计算不同埋深下的吸附气含量。

吸附气含量严格受控于页岩的吸附能力。前人的研究成果表明,研究区地温场温度介于 20~25 ℃/km,储层压力系数介于(0.80~2.2)MPa/hm(邓宾等,2013;马新华等,2018)。假设地表温度为 15 ℃,储层压力为 0 MPa,选择不同温度梯度(dT)及压力梯度(dP),可计算不同埋深的温度及储层压力,再根据优选的 Langmuir 等温吸附模型,可求得龙马溪组页岩不同埋深情况下页岩吸附气含量理论值(表 6-4)。

表 6-4　不同埋深下吸附气理论计算结果

埋深(m)	温度(℃)	P_1 dP=0.8 MPa/hm dT=2.5 ℃/hm	V_1	P_2 dP=1.4 MPa/hm dT=2.5 ℃/hm	V_2	P_3 dP=2.0 MPa/hm dT=2.5 ℃/hm	V_3
10	15.3	0.1	0.06	0.1	0.17	0.2	0.32
130	18.3	1.0	2.24	1.8	2.81	2.6	3.01
400	25.0	3.2	2.84	5.6	2.95	8.0	2.98
700	32.5	5.6	2.69	9.8	2.73	14.0	2.74
1 000	40.0	8.0	2.49	14.0	2.51	20.0	2.51
1 300	47.5	10.4	2.28	18.2	2.29	26.0	2.30
1 600	55.0	12.8	2.09	22.4	2.10	32.0	2.10
1 900	62.5	15.2	1.91	26.6	1.92	38.0	1.92
2 200	70.0	17.6	1.75	30.8	1.75	44.0	1.75
2 500	77.5	20.0	1.60	35.0	1.60	50.0	1.60
2 800	85.0	22.4	1.46	39.2	1.47	56.0	1.47
3 100	92.5	24.8	1.34	43.4	1.34	62.0	1.34
3 400	100.0	27.2	1.22	47.6	1.22	68.0	1.22
3 700	107.5	29.6	1.12	51.8	1.12	74.0	1.12
4 000	115.0	32.0	1.02	56.0	1.02	80.0	1.02
4 300	122.5	34.4	0.93	60.2	0.93	86.0	0.93
4 600	130.0	36.8	0.85	64.4	0.85	92.0	0.85
4 900	137.5	39.2	0.78	68.6	0.78	98.0	0.78
5 200	145.0	41.6	0.71	72.8	0.71	104.0	0.71
5 500	152.5	44.0	0.65	77.0	0.65	110.0	0.65
5 800	160.0	46.4	0.60	81.2	0.60	116.0	0.60
6 100	167.5	48.8	0.54	85.4	0.54	122.0	0.54

　　不同储层压力梯度下的吸附气含量变化规律相同,即随埋深增大呈先增大后减小的趋势(图 6-3),吸附气含量理论最大值的埋深约为 700 m,且压力系数越大,吸附气含量最大值越大。结合构造保存条件与页岩气开发结果,在埋深较浅的情况下龙马溪组储层大多经历长时间的构造抬升改造作用,页岩气往往难以有效保存,以致储层含气量较低。因此可以认为,在页岩气赋存实际有效深度下,随埋深的增加,温度对吸附气量的负效应影响逐渐超过压力的正效应影响,吸附气含量逐渐减小;而不同压力梯度(dP=(0.8~2.0) MPa/hm)相同埋深情况下吸附气理论含气量变化较小与甲烷分子在孔隙中的吸附机理有关,在页岩中孔隙孔径超过 2

nm 后,甲烷分子以双层吸附为主,具有压力增大吸附量基本保持不变的特征(刘宇等,2016;王阳,2017)。

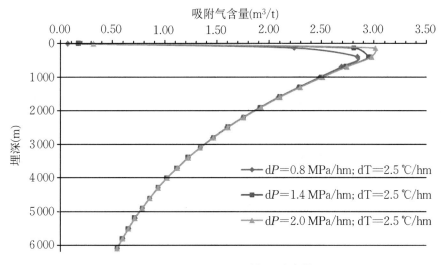

图 6-3 不同埋深下吸附气理论含量

6.3.1.2 不同埋深下游离气理论计算结果

对游离气含量的计算采用理想气体状态方程:

$$\frac{pV}{T} = \frac{p_0 V_0}{T_0} \qquad (6\text{-}6)$$

式中,p 为某深度时储层压力,单位为 MPa;

V 为某深度时对应孔隙体积,单位为 mL/g;

T 为某深度时储层开氏温度,单位为 K。

气体中 p_0、V_0、T_0 为折算到 0 ℃、101.325 kPa 时所对应压力、游离气含量及开氏温度。

由温度与深度的关系可知,温度与埋深成正比,建立温度与深度的关系:

$$T = \frac{h}{1\,000} \times \mathrm{d}T + 15 \qquad (6\text{-}7)$$

式中,h 为页岩埋藏深度,单位为 m;

$\mathrm{d}T$ 为温度梯度,单位为 ℃/km。

储层压力的计算公式如下:

$$p = hg\eta\rho_\mathrm{w} \times 10^{-6} \qquad (6\text{-}8)$$

式中,g 为重力加速度,取 9.8 N/kg;

η 为储层系数;

ρ_w 为水体的密度，值取 $1.0\times10^3\ kg/m^3$。

储层有效应力计算公式如下：

$$p_t = hg(\rho_R - \eta\rho_w) \times 10^{-6} \tag{6-9}$$

式中，p_t 为储层有效应力，单位为 MPa；

ρ_R 为岩石平均的密度，单位为 kg/m^3，取平均值 $2.6\times10^3\ kg/m^3$。

利用上述公式，分别计算不同埋深的储层孔隙体积、温度和压力（与吸附气含量计算中地温梯度及储层压力梯度取值相同），再根据理想气体状态方程，求得龙马溪组页岩不同埋深情况下页岩游离气含量理论值（表6-5）。

表6-5 不同埋深下游离气理论计算结果

埋深(m)	温度(℃)	P_1 dP=0.8 MPa/hm dT=2.5 ℃/hm	V_1	P_2 dP=1.4 MPa/hm dT=2.5 ℃/hm	V_2	P_3 dP=2.0 MPa/hm dT=2.5 ℃/hm	V_3
10	15.3	0.1	0.02	0.1	0.03	0.2	0.04
130	18.3	1.0	0.16	1.8	0.28	2.6	0.41
400	25.0	3.2	0.37	5.6	0.67	8.0	1.03
700	32.5	5.6	0.52	9.8	0.97	14.0	1.56
1 000	40.0	8.0	0.62	14.0	1.19	20.0	1.97
1 300	47.5	10.4	0.69	18.2	1.35	26.0	2.30
1 600	55.0	12.8	0.75	22.4	1.48	32.0	2.57
1 900	62.5	15.2	0.80	26.6	1.58	38.0	2.79
2 200	70.0	17.6	0.84	30.8	1.67	44.0	2.98
2 500	77.5	20.0	0.88	35.0	1.74	50.0	3.13
2 800	85.0	22.4	0.90	39.2	1.80	56.0	3.26
3 100	92.5	24.8	0.93	43.4	1.85	62.0	3.38
3 400	100.0	27.2	0.95	47.6	1.90	68.0	3.47
3 700	107.5	29.6	0.96	51.8	1.94	74.0	3.56
4 000	115.0	32.0	0.97	56.0	1.97	80.0	3.63
4 300	122.5	34.4	0.98	60.2	2.00	86.0	3.69
4 600	130.0	36.8	0.98	64.4	2.02	92.0	3.75
4 900	137.5	39.2	0.99	68.6	2.04	98.0	3.79
5 200	145.0	41.6	0.99	72.8	2.05	104.0	3.84
5 500	152.5	44.0	0.98	77.0	2.06	110.0	3.87
5 800	160.0	46.4	0.98	81.2	2.07	116.0	3.90
6 100	167.5	48.8	0.97	85.4	2.08	122.0	3.93

不同储层压力系数下的页岩游离气含量随埋深呈先增大后平稳的变化趋势,最大游离气含量在不同储层压力梯度下差异较大,分别出现在 3 400 m 和 5 200 m 附近(图 6-4)。龙马溪组页岩最大游离气含量在不同压力系数下差异较大,其中压力梯度 0.8 MPa/hm 时龙马溪组页岩最大游离气含量约为 0.99 m³/t;压力梯度 1.4 MPa/hm 时龙马溪组页岩最大游离气含量约为 2.08 m³/t;压力梯度 2.0 MPa/hm 时龙马溪组页岩最大游离气含量约为 3.93 m³/t。

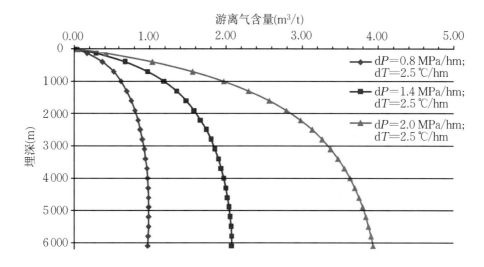

图 6-4　不同埋深下游离气理论含量

6.3.2　温压综合作用下总含气量变化特征

页岩气仅少部分呈溶解状态,因此总含气量近似等于吸附气与游离气含量之和。分别将相同地温及储层压力下的吸附气及游离气相加,即可反演不同深度(温压)环境中页岩总含气量特征(表 6-6)。

表 6-6　不同温压梯度下总含气量变化特征

埋深(m)	V_1	V_2	V_3	V_1'	V_2'	V_3'
dP(MPa/hm)	0.8	1.4	2.0	0.8	1.4	2.0
dT(℃/hm)	2.0			2.5		
10	0.08	0.20	0.37	0.08	0.20	0.36
130	2.42	3.13	3.51	2.40	3.09	3.43
400	3.28	3.75	4.24	3.21	3.62	4.01
700	3.33	3.90	4.66	3.21	3.70	4.30

续表

埋深(m)	V_1	V_2	V_3	V_1'	V_2'	V_3'
dP(MPa/hm)	0.8	1.4	2.0	0.8	1.4	2.0
dT(℃/hm)	2.0				2.5	
1 000	3.27	3.95	4.95	3.10	3.69	4.48
1 300	3.18	3.96	5.17	2.98	3.64	4.60
1 600	3.07	3.93	5.32	2.84	3.58	4.67
1 900	2.97	3.89	5.43	2.71	3.50	4.71
2 200	2.87	3.85	5.52	2.59	3.42	4.73
2 500	2.77	3.79	5.57	2.47	3.34	4.74
2 800	2.67	3.74	5.62	2.37	3.27	4.73
3 100	2.58	3.69	5.64	2.26	3.19	4.72
3 400	2.49	3.63	5.66	2.17	3.12	4.70
3 700	2.40	3.58	5.67	2.08	3.05	4.67
4 000	2.32	3.52	5.67	1.99	2.99	4.65
4 300	2.24	3.47	5.67	1.91	2.93	4.63
4 600	2.17	3.42	5.67	1.84	2.87	4.60
4 900	2.10	3.37	5.66	1.77	2.82	4.57
5 200	2.03	3.32	5.65	1.70	2.77	4.55
5 500	1.96	3.27	5.64	1.64	2.72	4.52
5 800	1.89	3.22	5.63	1.57	2.67	4.50
6 100	1.83	3.18	5.61	1.52	2.62	4.48

随埋藏深度的增大,总含气量呈现先迅速增大后缓慢减小的趋势;压力梯度越大,随埋深减小总含气量减小幅度越慢(图 6-5)。相同地温梯度下,储层压力梯度越高,相同埋深下总含气量越大,且随埋深增大,总含气量减缓趋势减小;相同压力梯度下,随埋深增大,总含气量趋势基本相近,为 0.08～5.67 m³/t。因此,对于不同埋藏深度的页岩,其总含气量受地温影响小,而主要受控于储层压力,储层压力是影响总含气量的主要因素。

利用吸附气及游离气与埋深的相互关系,计算得出吸附气占总含气量比例(表6-7)。

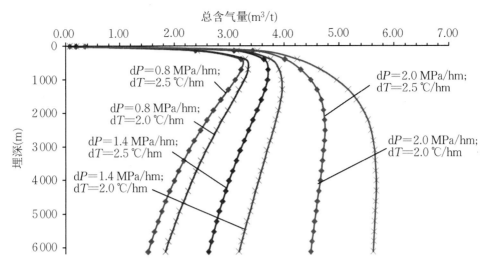

图 6-5 不同温压条件下总含气量与埋深变化关系

表 6-7 不同温压梯度下吸附气占总含气量比例计算结果

埋深(m)	$V_吸/V_{总1}$	$V_吸/V_{总2}$	$V_吸/V_{总3}$	$V_吸/V'_{总1}$	$V_吸/V'_{总2}$	$V_吸/V'_{总3}$
dP(MPa/hm)	0.8	1.4	2.0	0.8	1.4	2.0
dT(℃/hm)	2.0			2.5		
400	88.69	80.68	71.97	88.51	81.47	74.25
700	84.32	73.05	61.37	83.91	73.79	63.78
1 000	80.78	67.31	53.83	80.08	67.86	56.05
1 300	77.70	62.67	48.07	76.68	62.94	49.96
1 600	74.88	58.71	43.44	73.51	58.65	44.97
1 900	72.22	55.20	39.58	70.47	54.80	40.74
2 200	69.66	52.02	36.29	67.51	51.25	37.08
2 500	67.19	49.08	33.42	64.63	47.96	33.86
2 800	64.80	46.33	30.88	61.82	44.86	30.99
3 100	62.47	43.76	28.60	59.07	41.95	28.41
3 400	60.22	41.33	26.53	56.39	39.21	26.07
3 700	58.03	39.05	24.65	53.78	36.62	23.94
4 000	55.91	36.88	22.93	51.25	34.18	21.99
4 300	53.85	34.84	21.34	48.80	31.88	20.21
4 600	51.87	32.91	19.87	46.43	29.72	18.57
4 900	49.94	31.08	18.52	44.15	27.69	17.07
5 200	48.08	29.36	17.26	41.95	25.79	15.69
5 500	46.29	27.73	16.09	39.84	24.01	14.41
5 800	44.56	26.19	15.00	37.81	22.34	13.24
6 100	42.89	24.74	13.99	35.87	20.78	12.17

从图 6-6 可以看出,在不同温压梯度下,吸附气与游离气之比均随着埋藏深度的增加逐渐减小,表明吸附气占总含气量比例逐渐减小,游离气比例逐渐增大。不同温压条件下,可定义吸附气与游离气含量相等时为页岩气成藏转换深度,即吸附气占总含气量 50% 所对应的地层埋深。如储层压力梯度为 0.8 MPa/hm,当温度梯度为 2.5 ℃/hm 时转换深度约为 4 900 m,当温度梯度为 2.0 ℃/hm 时转换深度约为 4 200 m;如储层压力梯度为 1.4 MPa/hm,当温度梯度为 2.5 ℃/hm 时转换深度约为 2 150 m,当温度梯度为 2.0 ℃/hm 时转换深度约为 2 300 m;如储层压力梯度为 2.0 MPa/hm,当温度梯度为 2.5 ℃/hm 时转换深度约为 1 150 m,当温度梯度为 2.0 ℃/hm 时转换深度约为 1 300 m。计算结果表明,页岩气储层压力梯度越大,吸附气与游离气赋存相态转换临界深度越小;页岩气温度梯度越小,吸附气与游离气赋存相态转换临界深度越大。超过临界深度后页岩气赋存状态以游离气占主导。

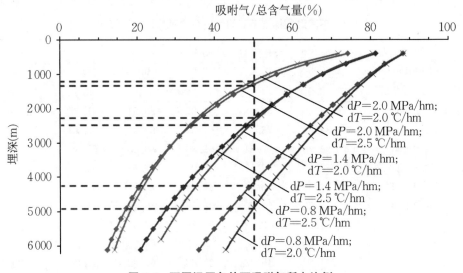

图 6-6　不同温压条件下吸附气所占比例

6.3.3　页岩气组分与运移路径

页岩气的组分差异影响了其在页岩内的吸附行为。傅国旗等(2000)通过实验研究发现乙烷、丙烷等碳氢化合物对活性炭吸附存储甲烷的能力有显著的影响,当混合气体中含有乙烷(4.1%)和丙烷(2%)时,活性炭对甲烷的吸附能力分别下降25% 和 27%。张淮浩等(2005)也发现乙烷和丙烷等气体能导致吸附剂吸附甲烷能力降低。利用体积吸附评价装置,在 20 ℃、充气压力为 3.5 MPa、放气压力为

0.1 MPa 条件下,对混合气体(CH$_4$ 87.49%,C$_2$H$_6$ 4.30%,C$_3$H$_8$ 4.96%,CO$_2$ 0.91%,N$_2$ 1.83%,O$_2$ 0.51%)进行连续 12 次循环充放气实验,发现甲烷的吸附容量下降了 27.5%。由此可见,当乙烷和丙烷等高碳链烷烃含量增加时,页岩气含量降低,岩石对其吸附能力增强。

页岩气在地下的运移主要有两种方式:一种是沿页岩层面、断裂破碎面、地层不整合面等力学薄弱面的渗滤运移;另一种是以逸散方式进行的垂向扩散运移。

上覆岩层如果是超致密岩层,即区域性的良好盖层,页岩中甲烷的排替压力大于页岩层中流体剩余压力,则气体只以扩散方式运移,其运移速度是相当缓慢的,页岩气逸散量可用岩石的扩散系数等参数进行估算。当页岩层中剩余压力大于上覆盖层排替压力时,气体则以渗流的方式运移,气体逸散速度与气体的有效渗透率及剩余压差有关,剩余压差越大或气体的有效渗透率越高,则逸散越快,此时主要是游离气体逸散,当页岩中压力小于盖层的排替压力时,逸散即告结束,如果气源充足,此过程则持续进行,如超压很高则有可能产生微裂缝从而使气体间歇式散失。如果页岩层中没有游离气,而有由静水压力引起的超压,则只有扩散运移,也就是说在没有压降时,吸附气难以解吸而进行逸散。如果上覆岩层是渗透层(如砂岩或裂隙性泥页岩等),排替压力很小,扩散运移快,气体则会向砂岩中运移,再加上水动力的影响,页岩中吸附气也会从基质中解吸出来转移到渗透层中去;如果上覆岩层是具有生气能力强的烃源岩,则会阻止页岩层中甲烷向上逸散,甚至会向页岩层中输入天然气。

6.3.4 页岩气组分及控制因素

6.3.4.1 氮气含量指示意义

页岩气组分中的氮气主要来源于大气,页岩气中存在氮气是盖层封闭性变差导致大气水强烈下渗的直接证据。通过测试页岩气中氮气的含量,可以研究页岩储层的地史演化过程。氮气由古大气水下渗或现今大气水下渗形成,可以根据地层水化学参数对此进行标定。富氮气体通过地表水或大气水下渗形成,可以根据地层水化学参数进行标定。富氮气体通过地表水下渗携带到地下,以过饱和方式脱出从而形成一定程度的富集。可以通过测定大气水下渗的气体中含氮量来判断页岩气藏的保存情况,氮气含量高说明热成因页岩气藏的保存条件可能较差,但可能发育生物成因的页岩气藏。富氮天然气通常见于沉积盆地边缘地带、盆地内部的浅层及断裂发育带等,通常与淡化地层水相伴,反映曾经或至今与地表水发生过缓慢交替。

对 CN 系列井天然气组分的测试结果反映了川南地区页岩气组分含量与埋深的关系。结果表明,川南地区龙马溪组页岩气主要由甲烷组成,占页岩气总含量的 86.89%~97.35%,同时含少量的氮气组分(2.4%~16.23%),以及极少量的乙烷组分(图 6-7)。总体上,CN 系列井页岩气组分中氮气含量较低,反映出区域页岩气较好的保存现状;垂向上,氮气含量变化趋势与埋深相关性较小,不同埋深处天然气组成中的氮气含量不均也反映出页岩气保存的复杂性。

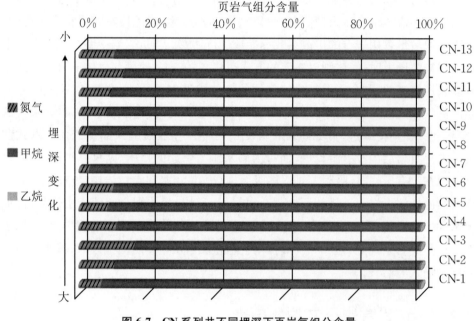

图 6-7　CN 系列井不同埋深下页岩气组分含量

6.3.4.2　含气量控制因素

泥页岩对页岩气的吸附能力,除受温压条件控制外,还受其他许多因素的影响,如泥页岩的有机碳含量、黏土矿物类型和含量、热演化程度(镜质体含量,R_o)等。

本书通过大量的实验测试,分析了泥页岩含气性的控制因素。通过分析页岩含气性与有机碳含量、热演化程度、矿物含量、黏土矿物类型等的关系,发现页岩含气性与有机碳含量、黏土含量、碳酸盐矿物、方解石及长石含量关联性较好。与热演化程度,石英、黄铁矿、白云石含量关联性较差(图 6-8)。

1. 有机碳含量对含气性的影响

页岩的有机碳含量是影响页岩吸附气体能力的主要因素之一。Ross 等(2006)通过对加拿大东北部侏罗系 Gordondale 地层和 Hickey 等(2007)通过对

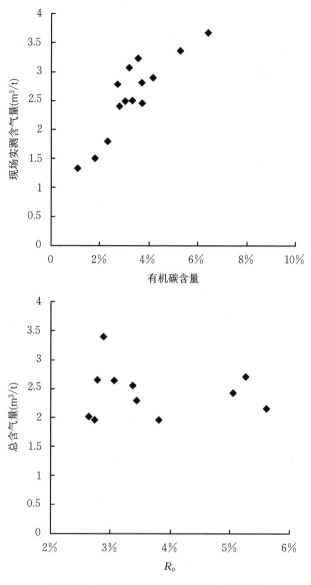

图 6-8 含气量与有机碳含量、R_o 散点图

Mitchell 2 T P Sims 井的 Barnett 页岩的研究,均发现有机碳含量较高的钙质或硅质页岩对吸附态页岩气有更高的存储能力。Lu 等(1995)通过实验研究得出有机碳含量与甲烷吸附能力之间存在良好的正相关线性关系。与 Ross 等和 Chalmers 等通过研究加拿大 Gordondale 页岩得到的结论相同,即有机碳含量越高,页岩吸附气体的能力就越强。将 CN 系列井总含气量与有机碳含量进行线性分析,发现含气量与有机碳含量有较好的线性关系,即有机碳含量越高,泥页岩的吸附量就越大。这说明富有机质页岩与孔隙体积、孔隙结构存在内在联系，并成为提高含气量的主要贡献者。

2. 热演化程度与含气性关系

一般认为Ⅰ、Ⅱ₁型有机质对气体的吸附能力强（李新景等，2007）。随着有机质成熟度增加，干酪根及原油裂解，生成大量气体，为自生自储式储层提供了气源，客观上增加了含气量。但成熟度过高或过低都不利于气体的吸附和保存；成熟度过高，烃类气体生成率低；而成熟度过低，生成的气体又易溶解在不饱和的液体（如石油）中（聂海宽等，2012）。

通过对比 R_o 与总含气量、游离气含量、吸附气含量数据（数据来源：斯伦贝谢），发现有利储层段的 R_o 分布于 1.96%～3.42%，平均 2.37%，整体处于高成熟-过成熟阶段（表6-8）。当 R_o 为 2%～3% 时，总含气量较高，最高可达 5.6 m³/t，当 R_o 大于 3% 时，总含气量呈下降趋势，总体上 R_o 与含气性关系较差。前文对川南地区龙马溪组页岩有机质成熟度的研究结果表明其处于高成熟-过成熟阶段，因此，区内储层的有机质演化程度对含气性影响较小。

表 6-8　CN 系列井含气量与镜质体反射率统计表

样品号	总含气量(m³/t)	游离气含量(m³/t)	吸附气含量(m³/t)	R_o
CN-1	0.011	0.011	0	2.33%
CN-2	0.039	0.039	0	2.03%
CN-3	0.003	0.003	0	1.99%
CN-4	2.731	0.682	2.049	1.96%
CN-5	3.8	1.088	2.712	1.96%
CN-6	2.642	0.86	1.782	2.02%
CN-7	2.885	0.784	2.101	3.42%
CN-8	2.777	0.805	1.972	2.65%
CN-9	3.44	0.931	2.509	2.30%
CN-10	3.055	0.823	2.232	2.65%
CN-11	5.056	1.457	3.599	2.43%
CN-12	5.254	1.905	3.349	2.71%
CN-13	5.601	1.456	4.145	2.15%
CN-14	3.371	1.344	2.027	2.57%

3. 矿物组分与含气性关系

现场实测含气量与 X 射线衍射矿物含量数据显示，黏土矿物含量、长石、碳酸盐矿物与含气量关联性较好，而石英含量与含气性关系性差。

总体上随着黏土矿物、长石含量增加，含气量减少，而随着碳酸盐矿物增加，含气性增加(图 6-9)。

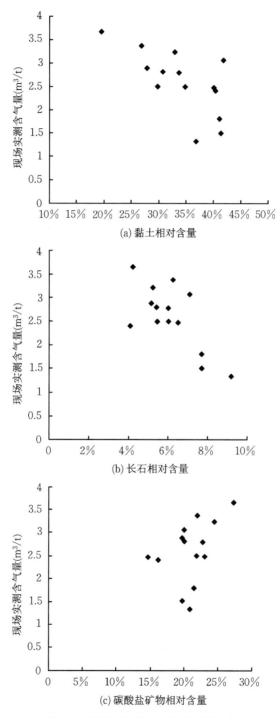

(a) 黏土相对含量

(b) 长石相对含量

(c) 碳酸盐矿物相对含量

图 6-9　页岩含气量与矿物组分散点图

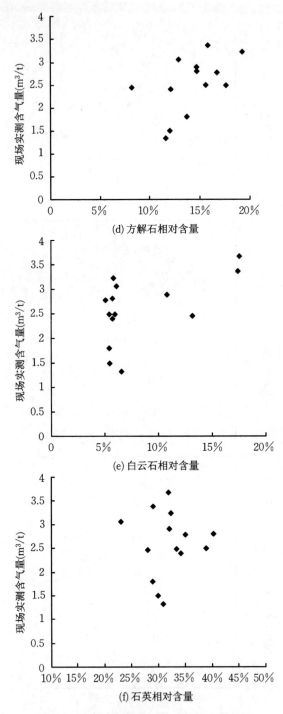

图 6-9　页岩含气量与矿物组分散点图(续)

6.4　构造抬升剥蚀对页岩气的控制作用

构造运动导致的地壳抬升剥蚀可以减薄或剥蚀含气页岩层段的上覆岩层和区域盖层,导致上覆压力减小,提高残余盖层的孔隙度和渗透率,也易使盖层的脆性破裂或使已形成的断裂(含微裂缝)变成开启状态,降低盖层的封闭能力。如果抬升剥蚀的幅度较大,那么整个含气页岩段之上的盖层可能被完全剥蚀,会导致页岩含气段丧失盖层的保护。同时抬升剥蚀可以使页岩层埋深过浅而与地表大气水连通或使其产生的断裂沟通地表,这一方面导致页岩含气段本身压力降低,游离气散失,从而使系统吸附气开始解吸,进而造成总含气量降低;另一方面由于氮气、二氧化碳具有更强的吸附性从而置换出甲烷,导致页岩气藏遭受破坏。

盆地后期隆升的原因较多,主要包括:区域构造挤压作用不仅导致盆地构造反转,还会使盆地整体抬升;后期叠加变形产生的差异性升降使盆地局部地区发生抬升和剥蚀;岩浆侵入产生的热穹隆构造可引起局部地区的隆升。

地壳抬升作用可以分为两类:整体性抬升和差异性抬升。不同的抬升类型对页岩气藏产生的改造作用不一样。抬升范围大、抬升幅度小、地区间抬升差异小等情况,有利于页岩气藏的保存;而差异性抬升范围小、抬升幅度大和地区间抬升差异大等情况常导致地层中断裂发育、页岩埋深变小或出露地表,会使气藏遭受大范围的破坏。

地壳抬升可使页岩气藏盖层压力降低和烃封闭富集能力减弱;会使断层垂向封闭性减弱甚至开启通道;地表水、游离氧和细菌直接作用于页岩气藏,使之遭受水洗、氧化和菌解破坏作用;这一切都使气藏的天然气损失量进一步增大,不利于气藏保存。

6.4.1　地壳抬升对盖层封闭能力的影响

6.4.1.1　压力封闭能力

压力封闭是盖层封闭页岩气的一种特殊机理,它只存在于特定的地质条件,即欠压实具有异常高孔隙流体压力的泥岩盖层中。这种盖层主要是依靠其异常孔隙内的流体压力来封闭游离相和水溶相页岩气的,异常孔隙流体压力越大,封闭能力越强;反之则越弱。盖层中异常孔隙流体压力计算公式如下:

$$\Delta p = \rho_r z + \frac{\rho_r - \rho_w}{c} x \ln \frac{\Delta t}{\Delta t_0} - \rho_w z \qquad (6\text{-}10)$$

式中，Δp 为盖层中的异常孔隙流体压力，单位为 Pa；

ρ_r 为沉积岩平均密度，单位为 g/cm^3；

ρ_w 为地层水密度，单位为 g/cm^3；

z 为盖层埋深，单位为 m；

c 为盖层正常压实趋势线斜率；

Δt 为盖层埋深 z 处的声波时差值，单位为 $\mu s/m$；

Δt_0 为盖层埋深 z 处的声波时差值，单位为 $\mu s/m$。

由于地壳抬升，油气藏盖层上升，埋深减小，按照同样的假设，页岩气藏盖层的声波时差值 Δt 不变，则由式（6-10）可以计算出，上升之后的页岩气藏盖层的异常孔隙流体压力 Δp 减小，页岩气浓度降低，储层扩散系数降低，抬升引起的页岩气扩散量变大，这导致页岩气储层的压力封闭能力降低（图6-10）。

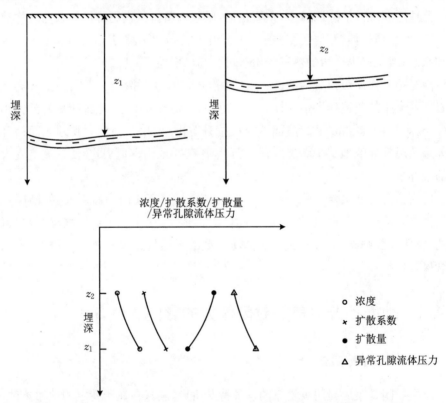

图6-10　地壳抬升与盖层各种压力封闭能力之间的关系（据付广等，2020 修改）

6.4.1.2 烃浓度封闭能力

盖层的封闭作用按照其本身特征的不同,又可细分为抑制封闭和替代封闭两种。抑制封闭是由于盖层除具有生烃能力外,还具有异常孔隙流体压力,使其本身含气浓度异常高,因此生成的天然气在高浓度作用下向下扩散从而阻止了下伏天然气通过盖层扩散。盖层中异常含气浓度越大,其抑制封闭作用就越强;反之则越弱。而替代封闭作用是由于盖层只具有生烃能力,没有天然气向下扩散,不能阻止下伏天然气向上扩散,但其向上扩散的自生天然气却能使其下伏扩散的天然气在这种作用下游离出来。由于地壳抬升,页岩气藏盖层上升,埋深减小。如果埋深减小到低于泥岩的生烃门限后,其生烃作用即停止,替代及抑制封闭作用减弱乃至消失。然而,如果页岩气藏埋深仍大于其生烃门限,则对于抑制封闭系统,由于 Δp减小,由式(6-11)可计算出盖层中的异常含气浓度减小,抑制封闭能力减弱。

$$\Delta c = 0.022\,4\left[K_p\Delta p + \frac{(p+\Delta p)\phi_i}{RT+b_m(p+\Delta p)} - \frac{p\phi_i}{RT+b_m p} \right.$$
$$\left. + \frac{b_m p 2K_p}{RT+b_m p} - \frac{b_m(p+\Delta p)2K_p}{RT+b_m(p+\Delta p)} \right] \tag{6-11}$$

式中,Δc 为盖层抬升前后含气浓度差,单位为 m^3/m^3;

K_p 为天然气平衡常数,$K_p = e^{-18.561+2\,133.89/T}$;

ϕ_i 为天然气有效间隙度,$\phi_i = 0.35\phi_m$;

ϕ_m 为天然气最大有效间隙度,$\phi_m = 9.898\,34\times10^{-3} + 1.639\times10^{-6}t - 1.257\,9\times10^{-6}t^2 + 2.129\,2\times10^{-8}t^3$;

p 为盖层处压力,单位为 Pa;

T 为盖层所处温度,单位为℃;

Δp 为盖层中的异常流体压力,单位为 Pa;

R 为摩尔气体常数,取值为 8.315 J/(mol·K);

b_m 为气体范德瓦尔斯体积,取值为 4.28×10^{-5} m^3/mol。

对替代封闭而言,由于埋深减小,生烃作用减弱,含气浓度降低,天然气替代扩散作用减弱,则替代封闭作用减弱(图6-10)。地壳抬升,导致页岩气藏盖层上升出露、风化剥蚀,埋深减小使得地层压力降低,改变了页岩气扩散的环境条件,使页岩气扩散距离减小,扩散系数减小,扩散量增大,总体上使页岩气浓度减小,替代及抑制封闭作用减弱甚至消失。

盖层抬升遭受剥蚀,页岩气藏就可能被破坏。但是地层的抬升剥蚀也使得水溶气发生解吸,转变为游离气,只要区域盖层的整体封闭性未遭破坏,就有利于天然气的聚集与保存。

6.4.2　地壳抬升对断层垂向封闭性的影响

所谓断层垂向封闭性是指在断层与垂向分布的各层系垂向上对沿断面切线方向顺断层运移页岩气的封闭作用。断层在垂向上的封闭主要是在上覆沉积载荷正压力作用下发生紧闭形成的,断层面正压力越大,断层面紧闭程度就越高,垂向封闭性也就越好;反之则越弱。断层面上所受到的正压力应是其埋深、断层面倾角、区域主压应力的函数,如式(6-12)所示,埋深越大,倾角越小,主压应力越大,断层面正压力越大,垂向封闭性越好;反之则越差。

$$N = N_1 + N_2 = (\rho_r - \rho_w)z\cos\alpha + \sigma_1\sin\alpha\sin\beta \qquad (6\text{-}12)$$

式中,N 为断层面所受到的总正压力,单位为 Pa;

N_1 为由上覆沉积物载荷重量引起的断面压力,单位为 Pa;

N_2 为区域主应力引起的断面压力,单位为 Pa;

ρ_r 为上覆沉积层平均密度,单位为 g/cm^3;

ρ_w 为地层水密度,单位为 g/cm^3;

z 为断层面埋深,单位为 m;

α 为断层面倾角,单位为°;

σ_1 为区域主压应力,单位为 Pa;

β 为区域主压应力与断层走向之间的夹角,单位为°。

地层抬升会导致一系列后果,地壳抬升,页岩气藏盖层上升,埋深减小。如果断开页岩气藏盖层的断层产状在其上升过程中不变且区域应力场不变,即 α 和 β 不变,那么由式(6-12)可以算出,上升后断开页岩气藏盖层的断层面所受到的正压力 N 减小,其垂向封闭性减弱,尤其是当其埋深减小到使断层面正压力小于泥岩塑性变形强度时,断层垂向封闭性将变得更差,以致封闭被破坏,页岩气散失。

6.4.3　地壳抬升对页岩气藏水洗、氧化、菌解作用的影响

任何一个页岩气藏形成后,除了要经受后期构造运动的改造和破坏以外,还要经受地表水冲洗、氧化和菌解破坏作用(张涛等,2013;田洋等,2015)。地表水在重力和水压力的作用下,通过岩石孔隙或疏导层向地下深处渗滤循环,一方面可依靠本身的能量冲洗页岩气藏,使页岩气藏受到破坏,另一方面地表水在渗滤或循环过程中将地表的大量游离氧和细菌(尤其是喜氧细菌)带入页岩气藏中,氧和细菌对页岩气的氧化和菌解作用会使页岩气藏遭到破坏。然而,地表水冲洗、氧化和菌解等对页岩气藏的破坏作用仅仅局限于地表附近,当页岩气藏埋深达到足够深度后

这些破坏作用明显减弱甚至消失。

由于地壳抬升,页岩气藏盖层上升,埋深减小,当页岩气被抬升至地表水、游离氧和细菌活动范围时,地表水、游离氧和细菌可以直接作用于页岩气藏,页岩气藏便遭到地表水冲洗、氧化和菌解作用,造成页岩气藏破坏,而且随着页岩气藏至地表的距离减小,所受到的地表水冲洗、氧化和菌解作用越强烈,破坏程度越高,如图6-11(a)所示。相反,如果页岩气藏虽然上升,但未进入地表水、游离氧化和细菌活动带,地表水、游离氧、细菌不能直接作用于页岩气藏,不能使其遭到冲洗、氧化和菌解作用,页岩气藏也就不会被破坏,如图6-11(b)所示。当然,由于大气淡水下渗把氧气和微生物带入页岩层,也可能有助于生物成因或生物再作用成因的页岩气成藏聚集,因此需要视具体的地质情况判断。

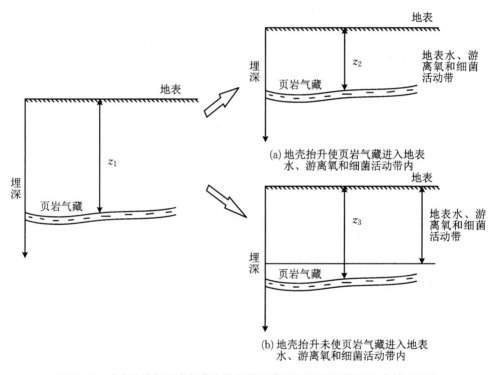

图 6-11　地壳抬升与页岩气藏水洗氧化和菌解作用关系(据丁文龙等,2016)

7 页岩气成藏的构造控制与储层能量响应机制

能量平衡理论认为能量既不会凭空产生,也不会凭空消失,它只能从一种形式转化为另一种形式,或者从一个物体中转移到另一个物体中,在转化或转移的过程中其总量不变。非常规气体的成藏维系于能量平衡系统,其核心就是能量的有效传递及其地质选择过程。吴财芳等(2007)、秦勇等(2008)、秦勇(2016)经研究提出了煤层气成藏过程中能量动态平衡的概念与科学问题,认为这种平衡是气藏的本质特征,受控于其形成演化的复杂地质选择过程,核心是能量的有效传递及其地质选择过程,而页岩气成藏同样维系于能量平衡系统。因此本章通过前文对川南地区龙马溪组页岩的"五史"(构造演化史、沉积埋藏史、烃源岩熟化史、有机质生气史、地下流体活动史)"四场"(构造应力场、热力场、流体化学场、流体动力场)演化的研究,运用储层三相物质的弹性能量计算方程(吴财芳等,2007;秦勇等,2008),定量研究页岩储层固、液、气三相物质弹性能演化历程,厘清页岩气储层沉积-埋藏-生烃-改造调整过程。

7.1 页岩气关键成藏要素及其配置关系

页岩气的成藏受控于地质历史过程中不同能量系统的演化(图 7-1)。在包括构造动力能、热动力能以及地下水动力能三种宏观动力学因素作用下,页岩储层中固、液、气三相物质的弹性能量不断发生变化。具体而言,储层弹性能量的消耗反映页岩气藏的破坏过程,而储层弹性能量的聚集反映页岩气藏的形成过程。能量系统的这种动态平衡变化特征制约着页岩气的成藏效应。因此,地层弹性能在本质上是联系页岩气成藏动力学条件与页岩气成藏效应的纽带,也是解译页岩气成藏过程的关键。

页岩气成藏过程为能量系统在达到平衡的过程中受流体压力、压缩系数、热膨胀系数、储层温度以及储层含气量影响的过程,具体表现为基块弹性能、气体弹性能、水体弹性能三相耦合作用。页岩气的成藏过程是储层压力系统逐渐调整的地质过程,储层压力系统的强化宏观上表现为页岩气富集,现今状态下表现为超压系统;储层压力系统达到平衡宏观上表现为页岩气赋存,现今状态下储层表现为常压系统;储层压力系统不断弱化宏观上表现为页岩气散失,现今状态下表现为欠压系统(图 7-2)。

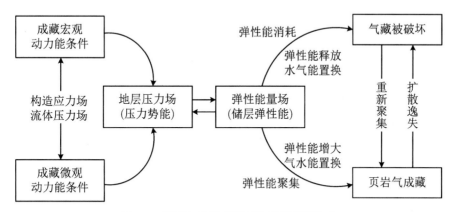

图 7-1　页岩气关键成藏要素及其配置关系

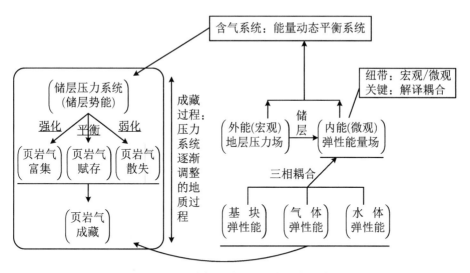

图 7-2　页岩气成藏能量动态平衡系统

7.2　川南地区龙马溪组宏观控藏过程

结合研究区烃源岩生烃史、热演化史和"源储盖"特征,从宏观动力能成藏控制角度研究储层的沉积-埋藏-改造耦合过程(图 7-3)。川南地区龙马溪组页岩气藏成藏机理为继承性盆地持续沉降形成气藏。晚期区域抬升,气藏经历缓慢生烃改造,有利源储盖组合成藏。初始成藏发生于早侏罗纪及以前的有机质成熟生烃和排烃过程,主力成藏期源于侏罗纪与白垩纪深埋高温下的原油裂解。龙马溪组页岩气属于生物-热混合成因,以热成因为主,主要来源为燕山期的热成因气(尤其是裂解气)。龙马溪组页岩气为以吸附态和游离态为主的多相赋存方式,赋存于储层有机质、矿物颗粒纳米级孔隙、成岩裂缝与构造裂缝等,最终在喜马拉雅期的隆升剥蚀构造背景下调整成藏。按照埋藏-生烃-演化可进一步分为三个阶段:继承性盆地沉降-生烃阶段、构造抬升-气藏调整阶段及有利源储盖组合封闭阶段。

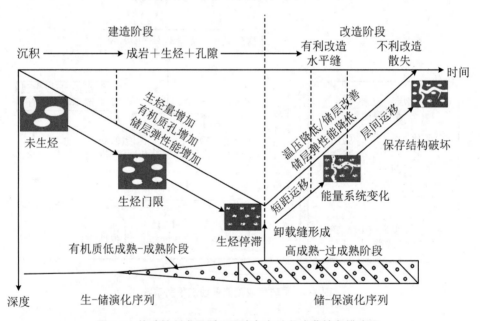

图 7-3　构造控制龙马溪组页岩气各阶段成藏抽象模式图

7.2.1　继承性盆地沉降-生烃阶段

海西-印支期,随着三叠系不断沉积埋藏,至印支期末,泥页岩有机质受热温度接近 111 ℃,最高受热温度达 122 ℃,进入一次生烃演化阶段。此阶段生成的少量烃类储存于各自的生烃岩中,开始形成未饱和状态的页岩气藏,生成的少量液态烃和天然气在页岩中成藏。

燕山期,目的层发生两次抬升和三次埋藏作用,伴随着区域地层的抬升和埋藏,有机质热演化进一步增强。此阶段泥岩中的烃类气体趋于饱和,页岩气藏逐渐形成,在埋藏压实和生烃热增压动力下,天然气就近运移,原地聚集,在强烈的压实作用下储层内胶结作用与气态烃类的充注同时进行,泥页岩边成藏边致密化,储层压力系数逐渐增大。

燕山中、晚期,随着中上侏罗统和白垩系不断沉积埋藏,目的层埋深进一步增大,发生了广泛的第三次生烃作用。页岩气藏处于过饱和状态,盖层厚度较小的区域气体开始以"束流状"向邻近地层运移,表现出聚集或散失现象;当盖层或龙马溪组泥页岩厚度较大时,页岩气得到有效保存,逐渐形成气藏。

7.2.2 构造抬升-气藏调整阶段

喜马拉雅期,目的层遭受大规模的抬升作用,有机质演化处于停滞状态。构造抬升运动导致目的层压力被释放,烃源岩中压力较高的游离气通过断层和储层微裂缝构成的网络快速排出。在川南地区差异性剥蚀作用最强烈的区域,龙马溪组被剥蚀至地表,页岩气藏遭受完全破坏;在差异性抬升作用下,部分区域的页岩气藏发生调整运移,储层处于超压或者常压状态,页岩气藏仍旧得到较好的保存。

7.2.3 有利源储盖组合封闭气藏阶段

川南地区古生界龙马溪组地层分布面积广,具有大面积广覆式生烃的特点,所以在平面上必然存在生烃强度的差异,加上页岩岩性的低渗透特征,控制非常规天然气分布的因素主要为岩性的差异及地下含水层对天然气的封堵效应。垂向上天然气成藏组合特征分为页岩气"自生自储"源内组合特征,上覆有砂质泥岩、致密灰岩、膏岩层构成的区域盖层形成良好圈闭。研究区内龙马溪组富有机质泥页岩生成的烃类气体大部分以吸附态和游离态赋存于泥页岩储层中,形成源内型非常规天然气藏,该类气藏组合含气饱和度较高;同时,在盖层厚度小,圈闭条件一般或较差的区域,当储层压力较高时,页岩气小范围地运移至临近地层,形成近源型非常规天然气藏,该类气藏含气饱和度较低。

7.3 构造控制下龙马溪组页岩气能量响应机制

页岩属于低渗透率低孔隙度的致密岩层,地质历史过程中生成的烃类物质依靠在束缚于孔隙内的高弹性能的游离气和页岩储层吸附能力进行赋存。因页岩储层具有复杂的非均质性,使得页岩气成藏的控制机理明显有别于常规天然气藏,加上四川盆地经历的多期地质作用过程使得地层能量系统变得异常复杂。储层能量系统的外因为受控于地热场、应力场、流体化学场和流体动力场的"四场互动"过程,内因则是与储层固-液-气"三相耦合"机理密切相关。这些内、外因与储层物性共同制约着页岩气的散失和聚集,控制着页岩气成藏的可能性和可采性。其中,储层弹性能是联系动力学条件与页岩气成藏效应的纽带,对页岩气成藏效应起着制衡作用(秦勇,傅雪海,2001)。

7.3.1 储层弹性能的物理与数学描述

储存于热力学系统中的能量称为系统的储存能,包括系统本身热力学状态所确定的热力学能、宏观动能以及宏观位能(陈文威等,1999)。储存能在页岩储层中的具体表现形式则为地层弹性能,简称页岩层弹性能,是地质历史中各类动力学因素耦合作用的结果。

7.3.1.1 页岩层弹性能总体构成

页岩层弹性能包括页岩基块弹性能和气体弹性能,其总体关系可表述为

$$E = E_{页岩} + E_{气} \tag{7-1}$$

式中,E 为总体弹性能,单位为 kJ/m^3;

$E_{页岩}$ 为页岩基块弹性能,单位为 kJ/m^3;

$E_{气}$ 为气体弹性能,单位为 kJ/m^3。

页岩气的主要成分甲烷的超临界温度为 293 K,超临界压力为 1.68 MPa(贺天才等,2007)。系统中可压缩弹性介质的体积、压力状态的变化,在忽略温度变化时,是一绝热过程。在地层条件下,无论储层压力有多高,甲烷均以气态存在。在这样的封闭体系中,地层压力场作用于气流体、水流体,流体内能的增加只能以消耗地层压力场水体势能的方式来实现。

在页岩气吸附、解吸、扩散、运移、聚集的整个过程中,都在持续不断地消耗地

层水体压力场的势能而增加页岩气分子的动能(刘吉成,董鲜滨,1995)。当系统内的地层压力势能达到相对平衡时,页岩中流体分子运动的平均速度也达到相对稳定。系统条件一旦变化,如地层压力、地层温度、地层中物质的量发生改变或物质相态发生转化,系统平衡就会被打破,地层输出或输入能量,甚至发生能量状态的转换,最终达到新的平衡。

为此,页岩气成藏过程是一个能量动态平衡的过程,可以采用页岩层弹性能及其传输传递过程加以描述和表征。

7.3.1.2　页岩层弹性能数学模型

1. 基块弹性能数学模型

根据弹性力学原理,固体的体积膨胀系数为(邝生鲁等,2002)

$$\alpha = \frac{\Delta T}{V \cdot \Delta T} \tag{7-2}$$

式中,α 为体积热膨胀系数,单位为 $10^{-4}/\text{K}$;

$\quad$ V 为固体的原始体积,单位为 m^3;

$\quad$ ΔV 为温度变化过程中的体积变化量,单位为 m^3;

$\quad$ ΔT 为温度变化量,单位为 K。

固体压缩系数可采用下式(邝生鲁等,2002)描述:

$$\beta = \frac{\Delta V}{V \cdot \Delta P} \tag{7-3}$$

式中,β 为体积热膨胀系数,单位为 $10^{-4}/\text{K}$;

$\quad$ V 为固体的原始体积,单位为 m^3;

$\quad$ ΔV 为压力变化过程中的体积变化量,单位为 m^3;

$\quad$ ΔP 为压力变化量,单位为 MPa。

在三轴围压条件下,页岩基块处于弹性状态,其储存的能量为(曹树刚等,2001)

$$E_{煤} = \frac{1}{2E}\left[\sigma_1^2 + \sigma_2^2 + \sigma_3^2 - 2\nu(\sigma_1\sigma_2 + \sigma_2\sigma_3 + \sigma_1\sigma_3)\right] \tag{7-4}$$

式中,E 为弹性模量,单位为 MPa;

$\quad$ ν 为页岩岩体泊松比,无量纲;

$\quad$ σ_1 为最大水平主应力,单位为 MPa;

$\quad$ σ_2 为最小水平主应力,单位为 MPa;

$\quad$ σ_3 为垂向应力,单位为 MPa。

在原始应力状态下,$\sigma_1 + \sigma_2 + \sigma_3 = P_0$,所以

$$E_{页岩} = 3P_0^2(1-2\nu)/2E \tag{7-5}$$

2. 气体弹性能数学模型

当温度和压力发生变化时,赋存于页岩中的天然气具有向外膨胀做功的能量,这种能量称为气体弹性能,它与页岩气含气量和膨胀前后的温度压力变化直接相关。

(1) 游离气弹性能数学模型

在原始地层状态下,温度压力的变化是一个多变过程(朱连山,1985;刘明举,颜爱华,2003)。结合气体热力学方程中的多变过程公式,得到游离态甲烷弹性能公式:

$$E_{游} = \frac{\beta R T_0 (1 + \alpha \Delta T)(1 - \beta \Delta P)}{k - 1} \frac{P}{P_0} \left[1 - \left(\frac{P_0}{P} \right)^{\frac{k-1}{k}} \right] \tag{7-6}$$

式中,α 为温度从 T_0 到 T 时气体的热膨胀系数,单位为 $10^{-4}/K$;

T 为气体状态变化后的环境温度,单位为 K;

β 为压力从 P_0 到 P 时气体的压缩系数,单位为 $10^{-4}/K$;

R 为摩尔气体常数,其值为 8.314 J/(mol·K);

P_0 为气体状态变化前的流体压力,单位为 MPa;

P 为气体状态变化后的流体压,单位为 MPa;

$\Delta T = T - T_0$,温度的变化量,单位为 K;

$\Delta P = P - P_0$,压力的变化,单位为 MPa;

K 为多变指数,$K = C_p/C_v$,其中,C_p 为气体的定压热容,C_v 为气体的定容热容,对于甲烷来说,$K = 1.30$。

若多变过程按照低压下理想气体处理,则有

$$\frac{T_0}{T} = \left(\frac{V}{V} \right)^{k-1} = \left(\frac{P_0}{P} \right)^{\frac{k-1}{k}} \tag{7-7}$$

式中,T_0 为原始气体状态下的温度,单位为 K;

V_0 为原始气体状态下的体积,单位为 m^3;

P_0 为原始气体状态下的压力,单位为 MPa;

T 为气体状态变化后的温度,单位为 K;

V 为气体状态变化后的体积,单位为 m^3;

P 为气体状态变化后的压力,单位为 MPa。

将式(7-7)代入式(7-6),得到游离气弹性能

$$E_{游} = \frac{\beta R T_0 (1 + \alpha \Delta T)(1 - \beta \Delta P)}{k - 1} \cdot \frac{P}{P_0} \cdot \frac{\Delta T}{T} \tag{7-8}$$

(2) 吸附气弹性能数学模型

为了方便计算,采用林柏泉等(1999)推导的页岩层吸附气含量简化公式:

$$V_{\text{吸附}} = \alpha \sqrt{P} \tag{7-9}$$

式中，P 为页岩储层流体压力，单位为 MPa；

α 为含气量系数，取值为 3.16×10^{-3} $\text{m}^3(\text{t} \cdot \text{Pa}^{0.5})$。

当储层流体压力发生一微小变化时（降低），解吸出的气量为

$$dV = \frac{\alpha}{2v\sqrt{P}}dP \tag{7-10}$$

式中，v 为标准状态下甲烷的摩尔体积，取值为 22.4×10^{-3} m^3/mol。

依照多变过程，每摩尔解吸气所具有的弹性能量可用式(7-8)表示。由于压力降低 dP 所解吸的甲烷具有的弹性能为

$$dE = E_{\text{游}}\frac{\alpha}{2v}dP \tag{7-11}$$

所以

$$E_{\text{吸}} = \int_{P}^{P_0} E_{\text{游}}\frac{\alpha}{2v\sqrt{P}}dP$$

$$= E_{\text{游}}\frac{\alpha}{v}(\sqrt{P_0} - \sqrt{P}) \tag{7-12}$$

因此，当温度压力变化时，页岩储层气体弹性能可表达为

$$E_{\text{气}} = E_{\text{游}} + E_{\text{吸}} = E_{\text{游}}\left[1 + \frac{\alpha}{v}(\sqrt{P_0} - \sqrt{P})\right] \tag{7-13}$$

7.3.2　页岩层弹性能量场计算结果

7.3.2.1　页岩基块弹性能计算结果

可根据式(7-5)计算龙马溪组页岩储层基块弹性能，相关参数及结果见表 7-1。结果表明，随着埋深增大，页岩基块弹性能逐渐增大。沉积初期，页岩储层基块弹性能随着埋深增加而增加的速度较慢；当埋深超过 2 000 m 后，随着埋深增加，页岩储层基块弹性能近似线性增长(图 7-4)。

表 7-1 龙马溪组页岩基块弹性能计算结果

埋深 （m）	杨氏模量 E(MPa)	泊松比 ν	地应力 P_0(MPa)	基块弹性能 （$\times 10^5$ kJ/m³）
5 000	3 000	0.3	125	31.25
4 800	3 000	0.3	120	28.80
4 600	3 000	0.3	115	26.45
4 400	3 000	0.3	110	24.20
4 200	3 000	0.3	105	22.05
4 000	3 000	0.3	100	20.00
3 800	3 000	0.3	95	18.05
3 600	3 000	0.3	90	16.20
3 400	3 000	0.3	85	14.45
3 200	3 000	0.3	80	12.80
3 000	3 000	0.3	75	11.25
2 800	3 000	0.3	70	9.80
2 600	3 000	0.3	65	8.45
2 400	3 000	0.3	60	7.20
2 200	3 000	0.3	55	6.05
2 000	3 000	0.3	50	5.00
1 800	3 000	0.3	45	4.05
1 600	3 000	0.3	40	3.20
1 400	3 000	0.3	35	2.45
1 200	3 000	0.3	30	1.80
1 000	3 000	0.3	25	1.25
800	3 000	0.3	20	0.80
600	3 000	0.3	15	0.45
400	3 000	0.3	10	0.20
200	3 000	0.3	5	0.05
0	3 000	0.3	0	0

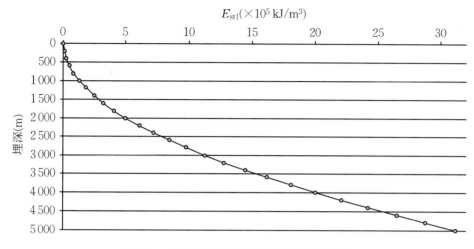

图 7-4 龙马溪组页岩基质弹性能与埋深关系

7.3.2.2 页岩气体弹性能计算结果

当页岩储层埋深发生变化时,宏观表现为储层温度和压力发生变化,微观表现为气体弹性能发生变化。根据公式(7-8)可计算龙马溪组页岩储层游离气弹性能,根据式(7-12)可计算龙马溪组页岩储层吸附气弹性能,相关参数及结果见表 7-2。结果表明,页岩储层游离气弹性能与吸附气弹性能均可划分为 3 个阶段:第一阶段,储层抬升高度小于 3 200 m 时,游离气弹性能变化量逐渐减小,吸附气弹性能变化量逐渐增大;第二阶段,储层抬升高度介于 3 200～4 400 m 时,游离气与吸附气弹性能变化量均迅速增大;第三阶段,储层抬升高度大于 4 400 m 时,游离气与吸附气弹性能变化量均迅速减小(图 7-5)。

表 7-2 龙马溪组页岩气体弹性能计算结果

埋深 (m)	气体压缩因子	热膨胀系数	地应力 P_0 (MPa)	地温 (K)	含气量系数	游离气弹性能 (kJ/m³)	吸附气弹性能 (kJ/m³)
5 000	1	0.001 809	125	423.15	0.003 16	−629.216 186 1	0
4 800	1	0.001 809	120	418.15	0.003 16	−611.270 395 8	−19.479
4 600	1	0.001 809	115	413.15	0.003 16	−592.890 240 4	−38.184 5
4 400	1	0.001 809	110	408.15	0.003 16	−574.059 756 6	−56.060 9
4 200	1	0.001 809	105	403.15	0.003 16	−554.762 189	−73.048 1
4 000	1	0.001 809	100	398.15	0.003 16	−534.979 940 5	−89.080 7
3 800	1	0.001 809	95	393.15	0.003 16	−514.694 519	−104.088
3 600	1	0.001 809	90	388.15	0.003 16	−493.886 479 4	−117.992

续表

埋深 （m）	气体压 缩因子	热膨胀 系数	地应力 P_0 （MPa）	地温 （K）	含气量 系数	游离气弹性能 （kJ/m³）	吸附气弹性能 （kJ/m³）
3 400	1	0.001 809	85	383.15	0.003 16	−472.535 361 7	−130.709
3 200	1	0.001 809	80	378.15	0.003 16	−450.619 623 6	−142.146
3 000	1	0.001 809	75	373.15	0.003 16	−428.116 568 4	−152.201
2 800	1	0.001 809	70	368.15	0.003 16	−405.002 266 3	−160.761
2 600	1	0.001 809	65	363.15	0.003 16	−381.251 469 5	−167.702
2 400	1	0.001 809	60	358.15	0.003 16	−356.837 520 6	−172.885
2 200	1	0.001 809	55	353.15	0.003 16	−331.732 252 1	−176.154
2 000	1	0.001 809	50	348.15	0.003 16	−305.905 878 7	−177.334
1 800	2	0.001 809	45	343.15	0.003 16	−1 024.198 556	−646.157
1 600	3	0.001 809	40	338.15	0.003 16	−2 015.694 936	−1 380.78
1 400	4	0.001 809	35	333.15	0.003 16	−3 132.856 342	−2 326.57
1 200	5	0.001 809	30	328.15	0.003 16	−4 219.151 948	−3 394.5
1 000	6	0.001 809	25	323.15	0.003 16	−5 108.363 115	−4 453.83
800	7	0.001 809	20	318.15	0.003 16	−5 623.822 134	−5 322.02
600	8	0.001 809	15	313.15	0.003 16	−5 577.578 027	−5 749.7
400	9	0.001 809	10	308.15	0.003 16	−4 769.481 152	−5 394.85
200	10	0.001 809	5	303.15	0.003 16	−2 986.177 203	−3 767.9
0	11	0.001 809	0	298.15	0.003 16	0	0

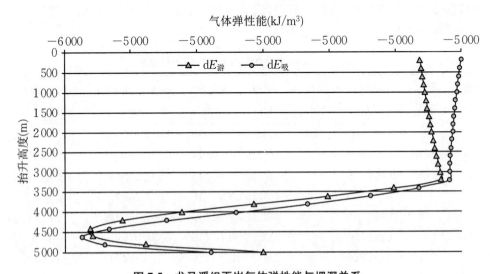

图 7-5　龙马溪组页岩气体弹性能与埋深关系

7.3.2.3 页岩储层不同条件下储层能量变化特征

基于前人对甲烷和水在不同温度、压力条件下的可压缩性的研究成果,根据式(7-5)储层基块弹性能及式(7-13)储层气体弹性能的计算公式,压力梯度选择 2.5 MPa/hm,2.0 MPa/hm,温度梯度选择 2.5 ℃/hm,2.0 ℃/hm,计算出不同埋深条件下得页岩基储层弹性能变化量 ΔE,结果见表 7-3。

结果表明(图 7-6、图 7-7),在地质历史过程中,当埋深减小时温度与压力同时减小,页岩储层能量随之不断减小。因为温度降低是有利于页岩气成藏的,而压力降低不利于页岩气成藏,则页岩储层抬升过程中的能量变化是温度和压力共同控制下的耦合作用。总体上,随着温压不断降低,储层能量的变化可分为 3 个不同的阶段,不同阶段的主控因素是动态的:第一阶段,抬升高度小于 3 200 m,随着抬升高度逐渐增大,储层能量减小值较小,单位抬升高度储层能量变化量逐渐减小;第二阶段,抬升高度介于 3 200~4 400 m,随着抬升高度增大,储层能量迅速减小,变化量由 $-787.584 \ \mathrm{kJ/m^3}$ 迅速减小至 $-14\ 479.7 \ \mathrm{kJ/m^3}$;第三阶段,抬升高度介于 4 400~5 000 m,随着抬升高度变化,储层能量仍不断减小,但单位抬升高度的能量变化量逐渐减小。同时,不同温度梯度和压力梯度储层能量变化趋势一致,温度梯度与压力梯度越小,储层能量变化量越小。

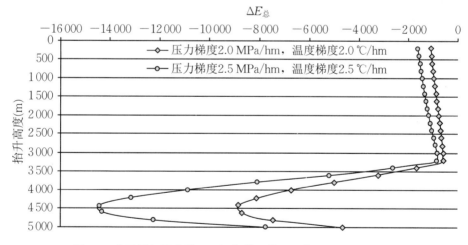

图 7-6 龙马溪组页岩储层不同条件下储层总能量 $\Delta E_{总}$ 变化特征

表 7-3 龙马溪组页岩储层不同抬升高度储层能量变化计算结果

抬升幅度 (m)	压力梯度 (MPa/hm)	地温梯度 (℃/hm)	$\Delta E_{总}$	$\Delta E_{累计}$	压力梯度 (MPa)	地温梯度 (℃/hm)	$\Delta E_{总}$	$\Delta E_{累计}$
0	2.5	2.5	0	0	2.0	2.0	−1075.44	−1075.44
200	2.5	2.5	−1619.81	−1619.81	2.0	2.0	−1042.91	−2118.35
400	2.5	2.5	−1573.62	−3193.43	2.0	2.0	−1009.71	−3128.05
600	2.5	2.5	−1526.31	−4719.74	2.0	2.0	−975.816	−4103.87
800	2.5	2.5	−1477.85	−6197.58	2.0	2.0	−941.216	−5045.09
1000	2.5	2.5	−1428.18	−7625.76	2.0	2.0	−905.883	−5950.97
1200	2.5	2.5	−1377.26	−9003.02	2.0	2.0	−869.795	−6820.76
1400	2.5	2.5	−1325.04	−10328.1	2.0	2.0	−832.926	−7653.69
1600	2.5	2.5	−1271.48	−11599.5	2.0	2.0	−795.251	−8448.94
1800	2.5	2.5	−1216.53	−12816.1	2.0	2.0	−756.743	−9205.68
2000	2.5	2.5	−1160.11	−13976.2	2.0	2.0	−717.374	−9923.06
2200	2.5	2.5	−1102.19	−15078.4	2.0	2.0	−677.116	−10600.2
2400	2.5	2.5	−1042.69	−16121.1	2.0	2.0	−635.937	−11236.1
2600	2.5	2.5	−981.546	−17102.6	2.0	2.0	−593.806	−11829.9
2800	2.5	2.5	−918.698	−18021.3	2.0	2.0	−550.689	−12380.6
3000	2.5	2.5	−854.07	−18875.4	2.0	2.0	−506.552	−12887.2

续表

抬升幅度 (m)	压力梯度 (MPa/hm)	地温梯度 (℃/hm)	$\Delta E_{总}$	$\Delta E_{累计}$	压力梯度 (MPa)	地温梯度 (℃/hm)	$\Delta E_{总}$	$\Delta E_{累计}$
3 200	2.5	2.5	−787.584	−19 663	2.0	2.0	−1 660.88	−14 548
3 400	2.5	2.5	−2 636.92	−22 299.9	2.0	2.0	−3 237.52	−17 785.6
3 600	2.5	2.5	−5 189.67	−27 489.5	2.0	2.0	−4 999.9	−22 785.5
3 800	2.5	2.5	−80 66.01	−35 555.6	2.0	2.0	−6 699.72	−29 485.2
4 000	2.5	2.5	−10 862.9	−46 418.5	2.0	2.0	−8 076.19	−37 561.4
4 200	2.5	2.5	−13 152.5	−59 570.9	2.0	2.0	−8 855.21	−46 416.6
4 400	2.5	2.5	−14 479.7	−74 050.7	2.0	2.0	−8 748.56	−55 165.1
4 600	2.5	2.5	−14 360.8	−88 411.4	2.0	2.0	−7 452.91	−62 618
4 800	2.5	2.5	−12 280.2	−100 692	2.0	2.0	−4 648.9	−67 266.9
5 000	2.5	2.5	−7 688.72	−108 380	2.0	2.0	−1 075.44	−1 075.44

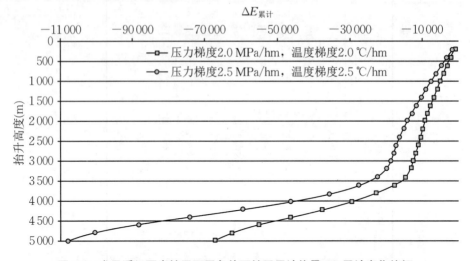

图7-7　龙马溪组页岩储层不同条件下储层累计能量 ΔE 累计变化特征

7.3.3　构造控制下页岩气能量演化过程

页岩气成藏过程是一个能量系统达到平衡的过程,页岩气开发则最大限度地破坏了系统的平衡。当系统内的地层压力场势能达到相对平衡状态时,页岩中流体分子运动的平均速度也达到相对稳定。系统条件,如地层压力、地层温度改变,地层中物质量发生增减或物质相态发生转化,则系统的平衡状态就会被打破,地层输出能量或输入能量,甚至能量状态发生相互转化,进而达到新的平衡。

开发实践表明,页岩气成藏阶段随着温压不断变化,本书对比川南地区小溪村剖面龙马溪组与 CN109 井龙马溪组,探讨页岩气完全破坏及有利成藏两种储层特征下的控藏机制。

对小溪村剖面龙马溪组能量演化史的计算结果表明(图7-8),在页岩气成藏初期,页岩储层孔隙度较大,基质压缩吸收的弹性能量使龙马溪组地层压力变化缓慢,页岩基质弹性能较小,并且页岩中的有机质处于未成熟阶段,页岩储层中吸附气弹性能与游离气弹性能均较小;当地层埋深增加时,地层压力快速增大,基块弹性能逐渐增大,并且有机质演化进入生油阶段与生气阶段,气体压缩系数显著增大,远高于基质压缩系数,气体弹性能迅速增大,同时吸附气弹性能增长速率高于游离气弹性能增长速率;达到最大埋深之后,生烃结束,储层能量达到最大,储层弹性能处于极不稳定状态;之后,储层经历多次抬升作用升至地表,气体弹性能与储层弹性能迅速减小,游离气弹性能衰减速率大于吸附气弹性能衰减速率,基块弹性能衰减速率最小;最终,经历地层抬升,气藏与地表水导通,不断遭受风化与细菌活

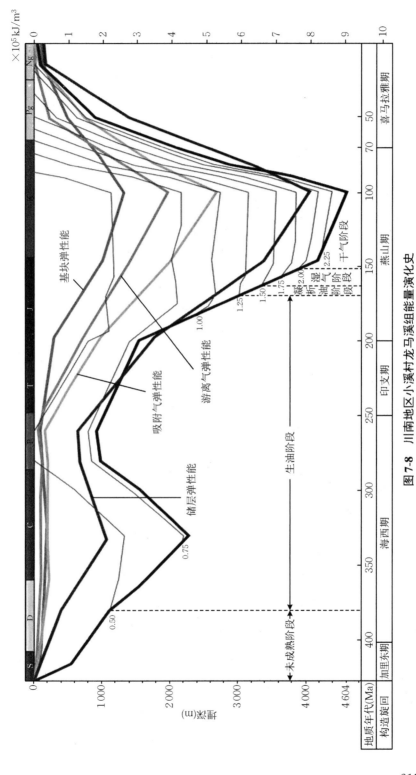

图7-8 川南地区小溪村龙马溪组能量演化史

动等作用,气体弹性能全部释放,储层中仅有少量的基块弹性能。

对 CN109 井龙马溪组能量演化史的计算结果表明(图 7-9),成藏初期,基块弹性能与气体弹性能演化过程与小溪村龙马溪组演化过程相似,均受到储层埋藏史及有机质生烃史控制;达到最大埋深之后,生烃结束,储层能量达到最大值,开始气藏调整过程,CN109 井经历的构造抬升规模较小,地层抬升速率明显小于小溪村地区龙马溪组,用于调整龙马溪组储层中能量的释放转化期较长,单位时间内气体弹性能与基块弹性能衰减量较小,储层与页岩孔隙和微裂隙中的天然气经历了缓慢持续的调整;最终,区内龙马溪组埋深减小至 2 200 m 左右,未进入地表水、游离氧和细菌活动的范围,较好的环境条件不仅能保存较好的基块弹性能,还能提供较高的游离气弹性能及吸附气弹性能,有利于页岩气的成藏与开发。

7.4 构造控制下页岩气成藏模式及勘探开发潜力

本书在对构造演化、源岩储层特征、页岩气沉积-埋藏演化及其相互关系综合研究的基础上,揭示川南地区构造控制下的页岩气成藏特征,最后从构造角度探讨了川南地区页岩气勘探开发前景。

7.4.1 构造控制下页岩气成藏特征

7.4.1.1 页岩气赋存于断块内部稳定构造单元中,具有宽缓向斜控气的特征

龙马溪组形成于接近大陆边缘的浅海陆盆深水-半深水沉积环境,有机质原始母质以藻类、浮游动物和细菌等为主,母岩具有混合成因的性质,属 I-II₁ 型干酪根。龙马溪组分上、下两段,其中的下段黑色富有机质笔石页岩是在沉积较快和封闭性较好的还原环境中发育的,构造背景以被动大陆边缘和活动大陆边缘为主,为大陆边缘向深海平原区过渡型岩系,有机质具有良好的沉积构造保存条件。

川南地区受华蓥山断裂、齐岳山断裂两条基底深大断裂带控制,内部形成独立于四川盆地其他区域的低陡褶皱带,构造样式以向斜开阔平缓、背斜陡峭紧凑为特征。向斜内部构造相对简单,龙马溪组优质页岩段分布稳定,赋存面积大,是页岩气勘探开发的有利区。

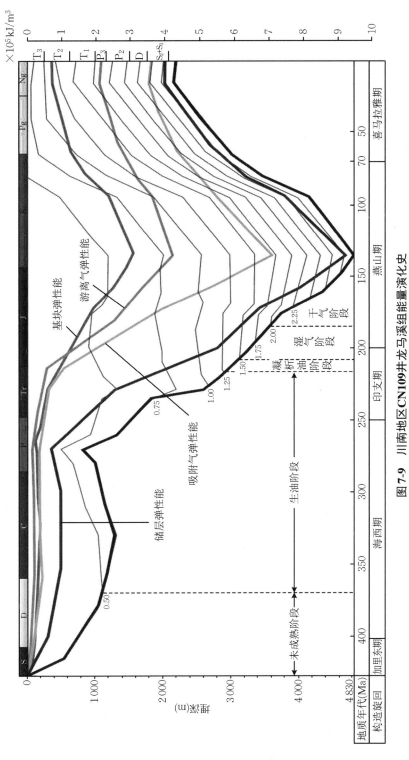

图7-9 川南地区CN109井龙马溪组能量演化史

7.4.1.2 中新生代构造抬升幅度大,页岩储层埋深变小

下志留统龙马溪组地层沉积之后,经历海西早期与印支期-燕山早期的两次深埋作用,大部分地区历史最大埋深超过 4 000 m,局部地区埋深超过 6 000 m,因此,若没有中新生代大幅度多期次的构造抬升作用,实现页岩气藏的开采将难度超高。燕山晚期至喜马拉雅期的持续抬升阶段(约 110～10 Ma)使得上覆地层大幅度剥蚀,局部地区出露古生界地层,区域上地表以三叠系与侏罗系地层为主。研究区龙马溪组现今埋深以小于 4 000 m 为主,这使得页岩气大规模勘探开发成为可能。

7.4.1.3 分布范围广,厚度大,持续生烃作用,含气量高

川南地区龙马溪组分布范围广,除珙县、筠连等地区局部发生剥蚀,其余地区均广泛分布。富有机质页岩段厚度大,有机质含量高,具有较高的生烃潜力。龙马溪组沉积后以持续埋藏为主,海西末期虽经历短暂抬升但抬升规模小,进入印支期,随着上覆地层不断沉积,龙马溪组埋深不断地增加,至印支期结束储层最大埋深超过 3 000 m,开始进入湿气阶段,有机质不断熟化,生烃量逐渐增加。进入燕山期,川南地区具前陆盆地性质,沉积作用广泛发生,继续沉积巨厚的侏罗系-白垩系地层,龙马溪组持续深埋,进入以甲烷为主要成分的干气阶段。长时期经受稳定埋藏作用,非常利于有机质持续生烃,产生大量的热成因气,这是现今页岩储层具有高含气量的关键因素之一。

7.4.1.4 良好的源-盖匹配关系,垂向自封闭利于气藏保存

川南地区龙马溪组有机碳含量为 0.78%～11.46%(平均为 3.94%),R_o 为 2.6%～3.65(平均为 2.97%),优质页岩段厚度普遍超过 30 m,平面上源岩储层物性差异小,区域盖层为三叠系嘉陵江组或雷口坡组;龙马溪组直接顶板为泥灰岩或泥页岩,顶板封盖条件好、厚度大;龙马溪组直接底板为致密瘤状灰岩或龟裂纹灰岩,溶蚀及裂隙不发育,地板封盖性好。

龙马溪组由底至顶发育碳质页岩、硅质页岩、砂质页岩、粉砂质泥岩等多种低渗岩层,垂向非均质性强,垂向突破难度大,突破半径小,扩散系数小,具有垂向自封闭特征。良好的源盖匹配条件与垂向自封闭有利于页岩气生烃后构造改造作用阶段的气藏保存。

7.4.1.5 构造-热事件影响小,有利于页岩成岩演化与生烃演化

四川盆地地理位置靠近峨眉山大火成岩省,但川南地区与玄武岩核心喷发区域距离远,热流升高强度有限,且该阶段龙马溪组埋藏深度在 2 000 m 左右,有机质

热演化程度低,处于早期成岩阶段。构造热事件对龙马溪组成岩演化与生烃演化影响小,利于后期在深埋阶段有机质的生烃演化过程。

7.4.1.6 递进变形与多期构造抬升作用机制,有利于页岩气藏调整

雪峰山西缘至四川盆地东部的雪峰陆内构造系统整体呈现向北西突出的弧形构造。印支运动以来,来自古日本海板块、特提斯洋板块、印度板块、澳大利亚板块、太平洋板块、菲律宾海板块与欧亚大陆相互碰撞形成的多个方向的构造应力,从南东往北或北西方向具有递进扩展的特征,构造变形时间由南东往北或北西方向逐渐变晚,川南地区开始发生的构造抬升时间为 110~85 Ma,抬升过程可分为晚燕山期与喜马拉雅早中期两个不同速率的作用阶段。递进变形形成构造抬升的时间相对盆地周缘晚,多阶段不同速率的抬升规模均有利于页岩储层在生烃后温压条件发生变化完成气藏调整。

7.4.1.7 游离气为主的赋存状态,基块弹性能衰减速率慢利于页岩气成藏

储层埋深超过临界转换深度时,页岩气赋存状态以游离气为主,吸附气含量低。构造抬升过程中,储层埋深变浅,基块弹性能衰减速率比气体弹性能衰减速率低,有利于储层孔隙回弹与气体赋存状态的调整;游离气弹性能衰减速率较吸附气弹性能衰减速率大,游离态逐渐向吸附态发生转化,页岩气发生扩散运移量小,有利于页岩气调整、保存与成藏。

7.4.2 川南地区页岩气勘探开发潜力

在川南地区构造特征、页岩气生-储-盖系统分析、页岩气赋存状态及构造保存特征等研究工作的基础上,判断四川盆地南部下志留统龙马溪组具备页岩气勘探开发的基础条件。龙马溪组底部黑色泥页岩段是优质的源岩层,也是良好的储层,是龙马溪组页岩气生成、聚集成藏的有利场所。

因此,本书结合龙马溪组下段黑色泥页岩段厚度和空间展布特征以及有机碳含量分布特征及其与区域沉积环境的关系、泥页岩含气性与有机碳含量的关系、沉积埋藏与构造演化的关系,以优质页岩段厚度为有利区优选的首要因素,结合构造稳定性和现阶段经济技术可采深度(小于 4 000 m),对研究区龙马溪组页岩气有利区进行预测(图 7-10)。

以距离大型断裂至少 2 km、黑色页岩厚度大于 100 m 且埋深 1 500~3 000 m 部分为有利区(图中深色圈闭区域),面积约 4 100 km²,主要位于泸州以北至永川

以南、珙县南-上罗区域。以距离大型断裂至少 1.5 km、黑色页岩 30～100 m 且埋深 3000～4000 m 部分为较有利区（图中浅灰色圈闭区域），面积约 5 200 km²。较有利区主要位于研究区北部的泸州-富顺-永川一线、马连-珙县南-古蔺西一线、赤水以东区域。

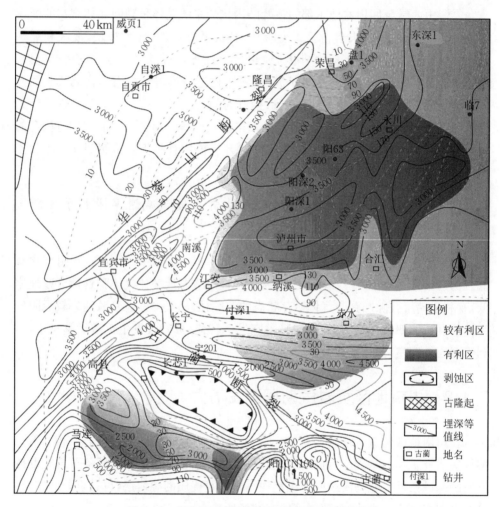

图 7-10　川南地区龙马溪组页岩气有利区预测图

参 考 文 献

ATHY L F, 1930. Density, porosity and compaction of sedimentary rock [J]. AAPG Bulletin, 14(1): 1-24.

BEYSSAC O, GOFFE B, CHOPIN C, et al, 2002. Raman spectra of carbonaceous material in metasediments: a new geothermometer[J]. Metamorph Geol, 20: 859-871.

BOWKER K A, 2007. Barnett shale gas production, fort worth basin: issues and discussion[J]. AAPG Bulletin, 91(4): 523-533.

BUSTIN R M, BUSTIN A M M, CUI A, et al, 2008. Impact of shale properties on pore structure and storage characteristics[C]//SPE shale gas production conference. Society of Petroleum Engineers.

CARRUTHERS N I, et al, 1998. Synthesis of a series of sulfinic acid analogs of GABA and evaluation of their GABA B receptor affinities[J]. Bioorganic & Medicinal Chemistry Letters, 8 (21): 3059-3064.

CHALMERS G R L, BUSTIN R M, 2007. The organic matter distribution and methane capacity of the Lower Cretaceous strata of Northeastern British Columbia, Canada[J]. International Journal of Coal Geology, 70(1): 223-239.

CHALMERS M J, et al, 2012. Hydrophobic interactions improve selectivity to ERα for ben-zo-thiophene SERMs. [J]. ACS medicinal chemistry letters, 3(3): 207-210.

CHEN S B, HAN Y F, FU C Q, et al, 2016. Micro and nano-size pores of clay minerals in shale reservoirs: Implication for the accumulation of shale gas[J]. Sedimentary Geology, 342: 180-190.

CHEN S B, ZHU Y M, WANG H Y, et al, 2011. Shale gas reservoir characterisation: A typical case in the southern Sichuan Basin of China[J]. Energy, 36(11): 6609-6616.

CHEN Y Y, ZHOU C N, MARIA M. et al, 2015. Porosity and fractal characteristics of shale across a maturation gradient[J]. Natural Gas Geo science (9):1646-1656.

CLARKSON C R, SOLANO N, BUSTIN R M, et al, 2013. Pore structure characterization of North American shale gas reservoirs using USANS/SANS, gas adsorption, and mercury intrusion[J]. Fuel, 103: 606-616.

COURT R W, SEPHTON M A, PARNELL J, et al, 2007. Raman spectroscopy of irradiated organic matter[J]. Geochim Cosmochim Acta, 71: 2547-2568.

CURTIS J B, 2002. Fractured shale-gas systems[J]. AAPG Bull, 86(11): 1921-1938.

CURTIS M E, CARDOTT B J, SONDERGELD C H, et al, 2012. Development of organic porosity in the Woodford Shale with increasing thermal maturity[J]. International Journal of Coal Geology, 103: 26-31.

CURTIS M E, SONDERGELD C H, AMBROSE R J, et al, 2012. Microstructural investigation of gas shales in two and three dimensions using nanometer-scale resolution imaging[J]. Aapg Bulletin, 96(4): 665-677.

DANIEL K, JAMES W J,LUCIA F J, 2007. Dissolution vugs in fractured carbonates: A complication? Or perhaps a key for simplifying reservoir characterization[J]. Geophysical Research Letters, 34(20): L20409-1-L20409-6.

DAVIE M K, ZATSEPINA O Y,BUFFETT B A, 2004. Methane solubility in marine hydrate environments[J]. Marine Geology, 203(1): 177-184.

DELPH T J,et al, 2008. A local instability criterion for solid-state defects[J]. Journal of the Mechanics and Physics of Solids, 57(1): 67-75.

DO D D, DO H D, NICHOLSON D, 2009. Molecular simulation of excess isotherm and excess enthalpy change in gas-phase adsorption[J]. The Journal of Physical Chemistry B, 113(4): 1030-1040.

DUNG LE T, MURAD M A, 2015. A new multiscale model for methane flow in shale gas reservoirs including adsorption in organic nanopores and on clay surfaces[C]//International Symposium on Energy Geotechnics (1st. 2015: Barcelona). Cartogràfica i Geofísica.

EIA, 2016. Annual Energy Outlook 2015 with Projections to 2040[C]// Energy Information Administration. Washington DC.

FISHMAN N S, HACKLEY P C, Lowers H A, et al, 2012. The nature of porosity in organic-rich mudstones of the Upper Jurassic Kimmeridge Clay Formation, North Sea, offshore United Kingdom[J]. International Journal of Coal Geology, 103: 32-50.

FURMANN A, MASTALERZ M, SCHIMMELMANN A, et al, 2014. Relationships between porosity, organic matter, and mineral matter in mature organic-rich marine mudstones of the Belle Fourche and Second White Specks formations in Alberta, Canada[J]. Marine and Petroleum Geology, 54: 65-81.

GALE J F W, HOLDER J, 2010. Natural fractures in some U. S. shales and their importance for gas production[C]//VINING B A, PICKERING S C. Petroleum Geology: From mature basins to new frontiers. London: The Geological Society: 1131-1140.

GARETH R C, MARC R B, IAN M P, 2012. Characterization of gas shale pore systems by porosimetry, pycnometry, surface area, and field emission scanning electron microscopy/transmission electron microscopy image analyses: Examples from the Barnett, Woodford, Haynesville, Marcellus, and Doig units[J]. AAPG Bulletin, 96(6):1099-1119.

GASPARIK M, GHANIZADEH A, BERTIER P, et al, 2012. High-pressure methane sorption isotherms of black shales from the Netherlands[J]. Energy & fuels, 26(8): 4995-5004.

GILES M R, INDRELID S L, JAMES D M D, 1998. Compaction: the great unknown in basin modelling[J]. Geological Society, London, Special Publications, 141(1): 15-43.

Gubbins Z T A K, 1990. Adsorption in carbon micropores at supercritlcal temperatures[J]. The Journal of Physical Chemistry, 15(94): 6061-6069.

GUO Q L, CHEN X M, SONG H Q, et al, 2013. Evolution and models of shale porosity during burial process[J]. Natural Gas Geo science, 24(3): 439-449.

GUO T L, 2015. The Fuling shale gas field: A highly productive Silurian gas shale with high thermal maturity and complex evolution history, southeastern Sichuan Basin, China[J]. Interpretation, 3(2): 1-10.

GUO T L, ZENG P, 2015. The structural and preservation conditions for shale gas enrichment and high productivity in the Wufeng-Longmaxi Formation, Southeastern Sichuan Basin[J]. Energy Exploration & Exploitation, 33(3): 259-276.

HAMMES U, HAMLIN H S, EWING T E, 2011. Geologic analysis of the Upper Jurassic Haynesville shale in east Texas and west Louisiana[J]. AAPG Bulletin, 95 (10): 1643-1666.

HARPALANI S, PRUSTY B K, DUTTA P, 2006. Methane/CO_2 sorption modeling for coalbed methane production and CO_2 sequestration[J]. Energy and Fuels, 20(4):1591-1599.

HICKEY J J, HENK B, 2007. Lithofacies summary of the mississippian barnett shale, mitchell 2 TP sims well, Wise County, Texas[J]. AAPG Bull. , 91(4): 437-443.

HILDENBRAND A, 2004, et al. Gas breakthrough experiments on pelitic rocks: comparative study with N_2, CO_2 and CH_4[J]. Geofluids, 4(1) : 61-80.

Hill C L, 2000. Wadi teshuinat, palaeoenvironment and prehistory in south-western fessan (Libyan Sahara)[J]. Geoarchaeology, 15(1) : 89-91.

HILL D G, NELSON C R, 2000. Gas productive fractured shales: an overview and update[J]. Gas Tips, 6(2): 4-13.

HU B, WANG L S, YAN W B, et al, 2013. The tectonic evolution of the Qiongdongnan Basin in the northern margin of the South China Sea. Journal of Asian Earth Sciences, 77: 163-182.

HUA T, SHUICHANG Z, SHAOBO L, et al, 2012. Determination of organic-rich shale pore features by mercury injection and gas adsorption methods[J]. Acta Petrolei Sinica, 33(3): 419-427.

HUFF W D, KOLATA D R, BERGSTROM S M, et al, 1996. Large magnitude middle ordovician volcanic ash falls in North America and Europe: dimensions, emplacement and post-emplacement characteristics[J]. Journal of Volcanology and Geothermal Research, 73(3/4): 285-301.

JARVIE D M, HILL R J, RUBLE T E, et al, 2007. Unconventional shale gas systems: The Mississippian Barnett shale of north central Texas as one model for thermogenic shale-gas assessment[J]. AAPG Bulletin, 91(4): 475-499.

JI W M, SONG Y, JIANG Z X, et al, 2015. Estimation of marine shale methane adsorption capacity based on experimental investigations of Lower Silurian Longmaxi formation in the Upper Yangtze Platform, south China[J]. Marine and Petroleum Geology, 68: 94-106.

JU B, WU D, 2016. Experimental study on the pore characteristics of shale rocks in Zhanhua depression[J]. Journal of Petroleum Science and Engineering, 146: 121-128.

LI A, DING W L, HE J H, et al, 2016. Investigation of pore structure and fractal characteristics of organic-rich shale reservoirs: A case study of Lower Cambrian Qiongzhusi formation in Malong block of eastern Yunnan Province, South China[J]. Marine and Petroleum Geology, 70: 46-57.

LI H B, JIA D, WU L, et al, 2013. Detrital zircon provenance of the lower Yangtze foreland basin deposits: constraints on the evolution of the early Palaeozoic Wuyi orogenic belt in South China [J]. Geological Magazine, 2013, 150 (6): 959-974. DOI: 10. 1017/ S0016756812000969, 1-16.

LI W, LIU H F, SONG X X, 2015. Multifractal analysis of Hg pore size distributions of tectonically deformed coals[J]. International Journal of Coal Geology, 144: 138-152.

LI X, WANG Q, ZHANG W, et al, 2016. Contact metamorphism of shales intruded by a granite dike: Implications for shale gas preservation. International Journal of Coal Geology, 159: 96-106.

LI Z G, JIA D, CHEN W, et al, 2014. Late Cenozoic east-west crustal shortening in southern Longmen Shan, eastern Tibet: implications for regional stress field changes[J]. Tectonophysics, 623(2): 169-186.

LIANG M, WANG Z, GAO L, et al, 2017. Evolution of pore structure in gas shale related to structural deformation[J]. Fuel, 197: 310-319.

LIU C, YIN H, 2012. Trishear creator: a tool for the kinematic simulation and strain analysis of trishear fault propagation folding with growth strata. Computer and Geosciences, 49: 200-206.

LIU S G, MA W X, JANSA I, et al, 2011. Characteristics of the shale gas reservoir rocks in the lower Silurian Longmaxi formation, east sichuan basin, China[J]. Energy Exploration & Exploitation, 2013, 31(2): 187-219.

LIU Y F, QIU N S, XIE Z Y, et al, 2016. Overpressure compartments in the Central Paleo-Uplift, Sichuan Basin, southwest China[J]. AAPG Bulletin, 100(5): 867-888.

LIU Y F, QIU N S, YAO Q Y, et al, 2016. Distribution, origin and evolution of the Upper Triassic overpressures in the central portion of the Sichuan Basin, SW China. Journal of Petroleum Science and Engineering, DOI: 10. 1016/j. petrol. 8. 16.

LIU Y, ZHU Y M, LI W, et al, 2016. Molecular simulation of methane adsorption in shale based on grand canonical Monte Carlo method and pore size distribution[J]. Journal of Natural Gas Science and Engineering, 30: 119-126.

LOUCKS R G, REED R M, RUPPEL S C, et al, 2009. Morphology, genesis, and distribution of nanometer-scale pores in siliceous mudstones of the Mississippian barnett shale[J]. Journal of sedimentary research, 79(12): 848-861.

LOUCKS R G, REED R M, RUPPEL S C, et al, 2012. Spectrum of pore types and networks in mudrocks and a descriptive classification for matrix-related mudrock pores[J]. AAPG Bulletin, 96(6): 1071-1098.

LOWELL S, SHIELDS J E, THOMAS M A, et al,2012. Characterization of porous solids and powders: surface area, pore size and density[M]. Springer Science & Business Media.

LU G Q, 1995. Effect of pre-drying on the pore structure development of sewage sludge during pyrolysis[J]. Environmental Technology, 16(5) : 495-499.

LUTYNSKI M, GONZÁLEZ GONZÁLEZ M Á, 2016. Characteristics of carbon dioxide sorption in coal and gas shale - The effect of particle size[J]. Journal of Natural Gas Science and Engineering, 28: 558-565.

MAO X L, WANG Q, LIU S W, et al, 2012. Effective elastic thickness and mechanical anisotropy of South China and surrounding regions. Tectonophysics, 550: 47-56.

MASTALERZ M, SCHIMMELMANN A, DROBNIAK A, et al, 2013. Porosity of Devonian and Mississippian New Albany Shale across a maturation gradient: Insights from organic petrology, gas adsorption, and mercury intrusion[J]. AAPG Bulletin, 97(10): 1621-1643.

MASTALERZ M, SCHIMMELMANN A, DROBNIAK A, et al, 2013. Porosity of Devonian and Mississippian New Albany Shale across a maturation gradient: Insights from organic petrology, gas adsorption, and mercury intrusion[J]. AAPG bulletin, 97(10): 1621-1643.

MILLIKEN K L, RUDNICKI M, AWWILLER D N, et al, 2013. Organic matterehosted pore system, Marcellus formation (Devonian), Pennsylvania[J]. AAPG Bull. 97: 177- 200.

MISCH D, MENDEZ-MARTIN F, HAWRANEK G, et al, 2016. SEM and FIB-SEM investigations on potential gas shales in the Dniepr-Donets Basin (Ukraine): pore space evolution in organic matter during thermal maturation[C]//IOP conference series: Materials science and engineering. IOP Publishing, 109(1): 12010.

MODICA C J, LAPIERRE S G, 2012. Estimation of kerogen porosity in source rocks as a function of thermal transformation: Example from the Mowry Shale in the Powder River basin of Wyoming[J]. AAPG bulletin, 96(1): 87-108.

MOSHER K, HE J, LIU Y, et al, 2013. Molecular simulation of methane adsorption in micro- and mesoporous carbons with applications to coal and gas shale systems[J]. International Journal of Coal Geology, 109: 36-44.

NADAN B J, ENGELDER T, 2009. Microcracks in New England granitoils: A record of thermoelastic relaxation during exhumation of intracontinental crust[J]. GSA Bulletin, 121: 1/2.

PEGGY W, et al, 2005. Big Sandy[J]. Oil and Gas Investor, 8: 73-75.

PENG X, ZHAO J, CAO D, 2007. Adsorption of carbon dioxide of 1-site and 3-site models in pillared clays: A Gibbs ensemble Monte Carlo simulation[J]. Journal of Colloid and Interface Science, 310(2): 391-401.

POLLASTRO R M, 2007. Total petroleum system assessment of undiscovered resources in the giant Barnett shale continuous (unconventional) gas accumulation, fort worth basin, texas [J]. AAPJ Bulletin, 91(4): 551-578.

POLLASTRO R M, JARVIE D M, HILL R J, et al, 2007. Geologic framework of the Mississippian barnett shale, barnett-paleozoic total petroleum system, bend arch fort worth basin, texas[J]. AAPG bulletin, 91(4): 405-436.

RICHARDSOM N J, DENSMORE A L, SEWAR D D, et al, 2008. Extraordinary denudation in the Sichuan basin: insights from low-temperature thermochronology adjacent to the eastern margin of the Tibetan Plateau[J]. Journal of Geophysical Research, 113: 1-23.

RORDEN L H, BURCHFIEL B C, HILST R D, 2008. The geological evolution of the Tibetan Plateau. Science, 321(5892): 1054-1058.

ROSS D J K, BUSTIN R M, 2006. Sediment geochemistry of the lower jurassic gordondale member, northeastern british columbia[J]. Bulletin of Canadian Petroleum Geology, 54(4): 337-365.

ROUQUEROL J, AVNIR D, FAIRBRIDGE C W, et al, 1994. Recommendations for the characterization of porous solids: Pure and Applied Chenistry[J]. 2013, 66: 1739-1758

RöBLER M, ODLER I, 1985. Investigations on the relationship between porosity, structure and strength of hydrated portland cement pastes I. Effect of porosity[J]. Cement and Concrete Research, 15(2): 320-330.

SINGH H, JAVADPOUR F, 2016. Langmuir slip-Langmuir sorption permeability model of shale[J]. Fuel, 164:28-37.

SUN C, JIA D, YIN H, et al, 2016. Sandbox modeling of evolving thrust wedges with different preexisting topographic relief: Implications for the Longmen Shan thrust belt, eastern Tibet [J]. Journal of Geophysical Research: Solid Earth, 121, DOI: 10.1002/2016JB013013.

TANG X, ZHU Y, LIU Y, 2017. Investigation of shale Nano-Pore characteristics by scanning electron microscope and low-pressure nitrogen adsorption[J]. Journal of Nanoscience & Nanotechnology, 17(9):6252-6261.

TIAN H, PAN L, XIAO X, et al, 2013. A preliminary study on the pore characterization of lower Silurian black shales in the Chuandong thrust fold belt, southwestern China using low pressure N_2 adsorption and FE-SEM methods[J]. Marine and Petroleum Geology, 48: 8-19.

TUTUNCU A N, MESE A I, 2012. Impact of fluids and formation anisotropy on acoustic, deformation and failure characteristics of reservoir shales and pure clay minerals[M]. DOI: 10.1201/b11646-253.

WANG Y Y, et al, 2016. Clay-mineral compositions of sediments in the Gaoping River-Sea system: Implications for weathering, sedimentary routing and carbon cycling[J]. Chemical Geology, 447: 11-26.

WANG Y, ZHU Y M, CHEN S B, et al, 2014. Characteristics of the nanoscale pore structure in northwestern Hunan shale gas reservoirs using field emission scanning electron microscopy, high-pressure mercury intrusion, and gas adsorption[J]. Energy & Fuels, 28(2): 945-955.

WANG Y, ZHU Y M, LIU S M, et al, 2016. Methane adsorption measurements and modeling for organic-rich marine shale samples[J]. Fuel, 172: 301-309.

WANG Y, ZHU Y, LIU S, et al, 2016. Methane adsorption measurements and modeling for organic-rich marine shale samples[J]. Fuel, 172: 301-309.

WATTS A B, RYAN W B F, 1976. Flexure of the lithosphere and continental margin basins [J]. Tectonophysics, 36: 25-44.

WILKINS R W T, BOUDOU R, SHERWOOD N, et al, 2014. Thermal maturity evaluation from inertinites by Raman spectroscopy: The 'RaMM' technique[J]. International Journal of Coal Geology, s128: 143-152.

YAN D P, ZHANG B, ZHOU M F, et al, 2009. Constraints on the depth, geometry and kinematics of blind detachment faults provided by fault-propagation folds: An example form the Mesozoic fold belt of south China[J]. Journal of Structural Geology, 31(2): 150-162.

YANG F, NING Z, LIU H, 2014. Fractal characteristics of shales from a shale gas reservoir in the Sichuan basin, China[J]. Fuel, 115: 378-384.

YAO H P, ZHU Y M, 2016. Prospecting potential and accumulation conditions of shale gas in the north of ordos basin, North China: taking the Taiyuan and Shanxi formations as examples [J]. International Journal of Earth Sciences and Engineering, 9(2): 731-737.

YAO S, CAO J, ZHANG K, et al, 2012. Artificial bacterial degradation and hydrous pyrolysis of suberin: implications for hydrocarbon generation of suberinite[J]. Organic Geochemistry, 47(1): 22-33.

ZAGORSKI W A, WRIGHTSTONE G R, BOWMAN D C, 2012. The appalachian basin marcellus gas play: its history of development, geologic controls on production, and future potential as a world-class reservoir[C]//BREYERJ A. Shale reservoirs: giant resources for the 21st century: AAPG Memoir 97. Tulsa: AAPG: 172-200.

ZENG W, ZHANG J, DING W, et al, 2013. Fracture development in paleozoic shale of Chongqing area (south China): Part one: fracture characteristics and comparative analysis of main controlling factors[J]. Journal of Asian Earth Sciences, 75: 251-266.

ZHANG J, CLENNELL M B, DEWHURST D N, et al, 2014. Combined Monte Carlo and molecular dynamics simulation of methane adsorption on dry and moist coal[J]. Fuel, 122: 186-197.

ZHANG Y, JIA D, YIN H, et al, 2016. Remagnetization of lower Silurian black shale and insights into shale gas in the Sichuan basin, south China[J]. Journal of Geophysical Research: Solid Earth, 121, DOI: 10.1002/2015JB012502.

ZHOU J, WANG W, 2000. Adsorption and diffusion of supercritical carbon dioxide in slit pores [J]. Langmuir, 16(21): 8063-8070.

ZHOU Q, XIAO X M, TIAN H, et al, 2014. Modeling free gas content of the Lower Paleozoic shales in the Weiyuan area of the Sichuan basin, China[J]. Marine and Petroleum Geology, 57: 87-96.

Zhu C Q, Hu S B, Qiu N S, et al, 2016. Geothermal constraints on Emeishan mantle plume magmatism: paleotemperature reconstruction of the Sichuan basin, SW China[J]. International J. of Earth Sciences 107(1): 71-88.

ZHU C Q, HU S B, QIU N S, et al, 2016. Thermal history of the Sichuan Basin, SW China: Evidence from deep boreholes. Science China Earth Sciences, 59(1): 70-82.

ZHU C Q, QIU N S, JIANG Q, et al, 2015. Thermal history reconstruction based on multiple paleo-thermal records of the Yazihe area, western Sichuan depression[J]. Chinese J. Geophysics, 58(10): 3660-3670.

安艳芬,韩竹军,万景林,2008. 川南马边地区新生代抬升过程的裂变径迹年代学研究[J]. 中国科学:D辑,38(5):555-563.

白斌,2008. 准噶尔南缘构造沉积演化及其控制下的基本油气地质条件[D]. 西北大学.

柏道远,熊雄,杨俊,等,2015. 齐岳山断裂东侧盆山过渡带褶皱特征及其变形机制[J]. 大地构造与成矿学(6):1008-1021.

蔡周荣,夏斌,万志峰,2013. 下扬子芜湖地区后期构造活动特征及其对古生界页岩气保存的影响[J]. 煤炭学报(5):890-895.

操成杰,2005. 川西北地区构造应力场分析与应用[D]. 北京:中国地质科学院.

曹环宇,朱传庆,邱楠生,2015. 川东地区下志留统龙马溪组热演化[J]. 地球科学与环境学报(6):22-32.

曹淑慧,汪益宁,黄小娟,等,2016. 核磁共振 T2 谱构建页岩储层孔隙结构研究-以张家界柑子坪地区下寒武统牛蹄塘组的页岩为例[J]. 复杂油气藏,9(3):19-24.

曹树刚,鲜学福,2001. 煤岩固-气耦合的流变力学分析[J]. 中国矿业大学学报(4):42-45.

曹树恒,1988. 应用航磁异常探讨四川盆地基底性质及四川省区域构造特征[J]. 四川地质学报(2):1-9.

陈飞,2017. 蜀南二里场构造嘉陵江组层序地层学研究[J]. 中国井矿盐(2):20-24.

陈红汉,2014. 单个油包裹体显微荧光特性与热成熟度评价[J]. 石油学报(3):584-590.

陈吉,史基安,龙国徽,等,2013. 柴北缘古近系-新近系沉积相特征及沉积模式[J]. 沉积与特提斯地质,33(3):16-26.

陈懋弘,2007. 基于成矿构造和成矿流体耦合条件下的贵州锦丰(烂泥沟)金矿成矿模式[D]. 北京:中国地质科学院.

陈前,2017.典型含气页岩孔缝结构研究[D].北京:中国地质大学.

陈尚斌,夏筱红,秦勇,等,2013.川南富集区龙马溪组页岩气储层孔隙结构分类[J].煤炭学报,38(5):760-765.

陈尚斌,张楚,刘宇,2018.页岩气赋存状态及其分子模拟研究进展与展望[J].煤炭科学技术(1):36-44.

陈尚斌,朱炎铭,王红岩,等,2012.川南龙马溪组页岩气储层纳米孔隙结构特征及其成藏意义[J].煤炭学报,37(3):438-444.

陈文玲,周文,罗平,等,2013.四川盆地长芯1井下志留统龙马溪组页岩气储层特征研究[J].岩石学报(3):1073-1086.

陈文威,郎小川,疗学品.硝酸铵和氯化钾生产硝酸钾的研究[J].云南工业大学学报,1999(2):22-24.

陈旭,樊隽轩,张元动,等,2015.五峰组及龙马溪组黑色页岩在扬子覆盖区内的划分与圈定[J].地层学杂志,39(04):351-358.

陈旭,肖承协,陈洪冶,1987.华南五峰期笔石动物群的分异及缺氧环境[J].古生物学报,26(3):326-338.

陈彦虎,蒋龙聪,胡俊,等,2018.页岩储层裂缝型孔隙定量预测的新方法[J].地质科技情报(1):115-121.

陈燕燕,邹才能,MARIAMASTALERZ,等,2015.页岩微观孔隙演化及分形特征研究[J].天然气地球科学(9):1646-1656.

陈昱林,2016.泥页岩微观孔隙结构特征及数字岩芯模型研究[D].成都:西南石油大学.

崔兆帮,2017.川南地区龙马溪组孔隙特征与页岩气赋存[D].北京:中国矿业大学.

戴弹申,王兰生,2000.四川盆地碳酸盐岩缝洞系统形成条件[J].海相油气地质(Z1):89-97.

邓宾,2013.四川盆地中-新生代盆-山结构与油气分布[D].成都:成都理工大学.

邓宾,刘树根,刘顺,等,2009.四川盆地地表剥蚀量恢复及其意义[J].成都理工大学学报(自然科学版)(6):675-686.

邓宾,刘树根,王国芝,等,2013.四川盆地南部地区新生代隆升剥露研究:低温热年代学证据[J].地球物理学报(6):1958-1973.

邓祖佑,王少昌,姜正龙,等,2000.天然气封盖层的突破压力[J].石油与天然气地质(2):136-138.

刁海燕,2013.泥页岩储层岩石力学特性及脆性评价[J].岩石学报,29(9):3300-3306.

丁文龙,曾维特,王濡岳,等,2016.页岩储层构造应力场模拟与裂缝分布预测方法及应用[J].地学前缘,23(2):63-74.

丁文龙,樊太亮,黄晓波,等,2011.塔里木盆地塔中地区上奥陶统古构造应力场模拟与裂缝分布预测[J].地质通报,30(4):588-594.

丁原辰,邵兆刚,2001.测定岩石经历的最高古应力状态实验研究[J].地球科学(1):99-104.

窦新钊,2012.黔西地区构造演化及其对煤层气成藏的控制[D].北京:中国矿业大学.

范存辉,顿雅杭,张玮,等,2017.准噶尔盆地中拐凸起火山岩储集层裂缝综合评价[J].新疆石油地质,38(6):693-700.

范留明,李宁,丁卫华,2004.数字图像伪彩色增强方法在岩土CT图像分析中的应用[J].岩石力学与工程学报(13):2257-2261.

冯绍平,汪江河,邓红玲,等,2017.熊耳山干树金矿流体包裹体及稳定同位素地球化学研究[J].地球化学,46(2):137-148.

付常青,2017.渝东南五峰组-龙马溪组页岩储层特征与页岩气富集研究[D].北京:中国矿业大学.

付常青,朱炎铭,陈尚斌,2016.浙西荷塘组页岩孔隙结构及分形特征研究[J].中国矿业大学学报(1):77-86.

付广,2006.泥质岩盖层对各种相态天然气封闭机理及其定量研究[D].大庆:大庆石油学院.

付广,梁木桂,邹倩,等,2020.源断盖时间匹配有效性的研究方法及其应用[J].中国石油大学学报(自然科学版),44(1):25-33.

傅国旗,周理,2000.天然气吸附存储实验研究Ⅱ.少量丙烷和丁烷对活性炭存储能力的影响[J].天然气化工(6):22-24.

郭秋麟,陈晓明,宋焕琪,等,2013.泥页岩埋藏过程孔隙度演化与预测模型探讨[J].天然气地球科学,24(3):439-449.

郭彤楼,2016.中国式页岩气关键地质问题与成藏富集主控因素[J].石油勘探与开发(3):317-326.

郭彤楼,刘若冰,2013.复杂构造区高演化程度海相页岩气勘探突破的启示:以四川盆地东部盆缘JY1井为例[J].天然气地球科学(4):643-651.

郭彤楼,张汉荣,2014.四川盆地焦石坝页岩气田形成与富集高产模式[J].石油勘探与开发(1):28-36.

郭旭升,2014.南方海相页岩气"二元富集"规律:四川盆地及周缘龙马溪组页岩气勘探实践认识[J].地质学报(7):1209-1218.

郭旭升,胡东风,文治东,等,2014.四川盆地及周缘下古生界海相页岩气富集高产主控因素:以焦石坝地区五峰组-龙马溪组为例[J].中国地质(3):893-901.

何丽娟,黄方,刘琼颖,等,2014.四川盆地早古生代构造热演化特征[J].地球科学与环境学报(2):10-17.

何谋春,吕新彪,刘艳荣,2004.激光拉曼光谱在油气勘探中的应用研究初探[J].光谱学与光谱分析(11):1363-1366.

何永年,史兰斌,林传勇,1988.韧性剪切带及其变形岩石[J].地震地质(4):69-76.

何治亮,胡宗全,聂海宽,等,2017.四川盆地五峰组-龙马溪组页岩气富集特征与"建造-改造"评价思路[J].天然气地球科学(5):724-733.

贺鸿冰,2012.华蓥山构造带的构造几何学与运动学及其对川东与川中地块作用关系的启示[D].北京:中国地质大学.

贺天才,李永学,2007.高瓦斯矿井掘进工作面局部通风机供电控制方式研究与实践[J].煤炭工程(11):51-53.

侯华星,欧阳永林,曾庆才,等 2017.川南地区龙马溪组页岩气"甜点区"地震预测技术[J].煤炭科学技术(5):154-163.

胡广,2012.中国东南部下白垩统黑色泥页岩的时限、形成环境及生烃潜力[D].南京:南京大学.

黄第藩,李晋超,张大江,1984.干酪根的类型及其分类参数的有效性、局限性和相关性[J].沉积学报(3):18-33,135-136.

黄金亮,邹才能,李建忠,等,2012.川南下寒武统筇竹寺组页岩气形成条件及资源潜力[J].石油勘探与开发(1):69-75.

黄金亮,邹才能,李建忠,等,2012.川南志留系龙马溪组页岩气形成条件与有利区分析[J].煤炭学报(5):782-787.

黄磊,申维 2015.页岩气储层孔隙发育特征及主控因素分析:以上扬子地区龙马溪组为例[J].地学前缘(1):374-385.

黄志龙,郝石生 1994.盖层突破压力及排替压力的求取方法[J].新疆石油地质(2):163-166.

吉利明,吴远东,贺聪,等,2016.富有机质泥页岩高压生烃模拟与孔隙演化特征[J].石油学报(2):172-181.

纪文明,宋岩,姜振学,等,2016.四川盆地东南部龙马溪组页岩微-纳米孔隙结构特征及控制因素[J].石油学报(2):182-195.

贾小乐,2016.川东南构造几何学与运动学特征及其与雪峰山西段的构造关系探讨[D].北京:中国地质大学.

姜波,金法礼,1994.煤田超显微构造研究方法[J].煤炭科学技术(10):12-15,63.

姜波,徐凤银,金法礼,2003.柴达木盆地周边断裂超微构造变形特征及其应力-应变环境[J].煤田地质与勘探(5):10-13.

蒋恕,唐相路,STEVEOSBORNE,等,2017.页岩油气富集的主控因素及误辩:以美国、阿根廷和中国典型页岩为例[J].地球科学(7):1083-1091.

焦若鸿,许长海,张向涛,等,2011.锆石裂变径迹(ZFT)年代学:进展与应用[J].地球科学进展(2):171-182.

金文正,万桂梅,崔泽宏,等,2012.四川盆地关键构造变革期与陆相油气成藏期次[J].断块油气田(3):273-277.

金之钧,2005.中国典型叠合盆地及其油气成藏研究新进展(之一)-叠合盆地划分与研究方法[J].石油与天然气地质(5):553-562.

金之钧,胡宗全,高波,等,2016.川东南地区五峰组-龙马溪组页岩气富集与高产控制因素[J].地学前缘,23(1):1-10.

邝生鲁,娄联堂,2002.化学合成中平行反应动力学的研究[J].武汉化工学院学报(2):9-10.

李爱芬,任晓霞,王桂娟,等,2015.核磁共振研究致密砂岩孔隙结构的方法及应用[J].中国石油大学学报(自然科学版),39(6):92-98.

李超,彭平安,2003.蓟县剖面洪水庄组黑色页岩的干酪根分子结构特征研究[J].自然科学进展(1):59-65.

李恒超,2017.构造挤压对页岩孔隙特征及含气性的影响[D].广州:中国科学院广州地球化学研究所.

李恒超,刘大永,彭平安,等,2015. 构造作用对重庆及邻区龙马溪组页岩储集空间特征的影响[J]. 天然气地球科学(9):1705-1711.

李双建,沃玉进,周雁,等,2011. 影响高演化泥岩盖层封闭性的主控因素分析[J]. 地质学报(10):1691-1697.

李武广,钟兵,杨洪志,等,2016. 页岩储层基质气体扩散能力评价新方法[J]. 石油学报(1):88-96.

李霞,2016. 花岗岩侵入对页岩成分和孔隙结构的影响[D]. 南京:南京大学.

李贤庆,赵佩,孙杰,等,2013. 川南地区下古生界页岩气成藏条件研究[J]. 煤炭学报,38(5):864-869.

李新景,胡素云,程克明,2007. 北美裂缝性页岩气勘探开发的启示[J]. 石油勘探与开发(4):392-400.

李绪宣,2004. 琼东南盆地构造动力学演化及油气成藏研究[D]. 广州:中国科学院广州地球化学研究所.

李亚丁,杨成,冯顺,等,2017. 利用核磁共振研究页岩孔径分布的方法[J]. 地质论评(S1):119-120.

栗永强,2017. 页岩孔隙空间形成演化及其对含气性的影响[J]. 中国石油和化工标准与质量(7):57-58.

梁峰,拜文华,邹才能,等,2016. 渝东北地区巫溪2井页岩气富集模式及勘探意义[J]. 石油勘探与开发(3):350-358.

梁峰,朱炎铭,马超,等,2015. 湘西北地区牛蹄塘组页岩气储层沉积展布及储集特征[J]. 煤炭学报(12):2884-2892.

梁兴,叶熙,张介辉,等,2011. 滇黔北坳陷威信凹陷页岩气成藏条件分析与有利区优选[J]. 石油勘探与开发,38(6):693-699.

林柏泉,周世宁,张仁贵,1999. 障碍物对瓦斯爆炸过程中火焰和爆炸波的影响[J]. 中国矿业大学学报(2):6-9.

凌斯祥,2016. 黑色页岩风化的地球化学行为及力学特性研究[D]. 成都:西南交通大学.

刘德汉,肖贤明,田辉,等,2013. 固体有机质拉曼光谱参数计算样品热演化程度的方法与地质应用[J]. 科学通报(13):1228-1241.

刘东鹰,2010. 江苏下扬子区中-古生界盖层突破压力特征[J]. 石油实验地质(4):362-365.

刘宏,孙振,李卓沛,等,2010. 三叠纪嘉陵江期华蓥山同沉积断层的沉积、储层响应[J]. 地层学杂志(3):312-320.

刘吉成,董鲜滨,1995. 川东石炭系储集体地层压力弹性能量场势研究[J]. 天然气工业(2):20-24,108-109.

刘嘉璇,2018. 页岩气储层非线性非稳态渗流理论研究及数值计算[D]. 北京:北京科技大学.

刘明举,颜爱华,2003. 煤与瓦斯突出的热动力过程分析[C]//中国煤炭学会. 瓦斯地质研究与应用:中国煤炭学会瓦斯地质专业委员会第三次全国瓦斯地质学术研讨会. 中国煤炭学会:8.

刘士忠,2008.济阳拗陷深层天然气保存条件研究[D].青岛:中国石油大学.

刘树根,邓宾,钟勇,等,2016.四川盆地及周缘下古生界页岩气深埋藏-强改造独特地质作用[J].地学前缘(1):11-28.

刘树根,孙玮,李智武,等,2008.四川盆地晚白垩世以来的构造隆升作用与天然气成藏[J].天然气地球科学(3):293-300.

刘树根,孙玮,宋金民,等,2015.四川盆地海相油气分布的构造控制理论[J].地学前缘(3):146-160.

刘树根,孙玮,王国芝,等,2013.四川叠合盆地油气富集原因剖析[J].成都理工大学学报(自然科学版)(5):481-497.

刘树根,徐国盛,徐国强,等,2004.四川盆地天然气成藏动力学初探[J].天然气地球科学(4):323-330.

刘伟伟,2017.盘1-17断块整体堵调技术研究[J].化学工程与装备(8):39-41.

刘小帆,2017.四川盆地及邻区寒武纪古地理与构造[J].中国石油和化工标准与质量(20):87-88.

龙胜祥,彭勇民,刘华,等,2017.四川盆地东南部下志留统龙马溪组一段页岩微-纳米观地质特征[J].天然气工业(9):23-30.

卢斌,邱振,周杰,等,2017.四川盆地及周缘五峰组-龙马溪组钾质斑脱岩特征及其地质意义[J].地质科学,52(1):186-202.

卢义玉,廖引,汤积仁,等,2018.页岩超临界CO_2压裂起裂压力与裂缝形态试验研究[J].煤炭学报(1):175-180.

陆晓芳,2011.改进的非常快速模拟退火算法反演四川盆地主要构造界面形态[D].西安:西北大学.

罗鹏,2010.川东南赤水-綦江地区嘉陵江组层序地层、沉积相与储层特征研究[D].成都:成都理工大学.

马波,肖姹莉,2001.四川泸州西部地区志留系地震储层横向预测及圈闭识别研究[J].天然气勘探与开发(2):1-9.

马新华,2017.四川盆地天然气发展进入黄金时代[J].天然气工业,37(2):1-10.

马新华,谢军,2018.川南地区页岩气勘探开发进展及发展前景[J].石油勘探与开发(1):161-169.

马永生,蔡勋育,赵培荣,等,2010.四川盆地大中型天然气田分布特征与勘探方向[J].石油学报(3):347-354.

毛志强,张冲,肖亮,2010.一种基于核磁共振测井计算低孔低渗气层孔隙度的新方法[J].石油地球物理勘探,45(1):105-109,164,173.

梅庆华,2015.四川盆地乐山-龙女寺古隆起构造演化及其成因机制[D].北京:中国地质大学.

米雪,2011.构造变形与烃类充注效率油气运移检测系统研究与设计[D].青岛:中国石油大学.

倪楷,2016.川南地区海相页岩气层压力差异原因分析[J].天然气技术与经济(3):28-30.

聂海宽,金之钧,边瑞康,等,2016.四川盆地及其周缘上奥陶统五峰组-下志留统龙马溪组页岩气"源-盖控藏"富集[J].石油学报,37(5):557-571.

聂海宽,张金川,包书景,等,2012.四川盆地及其周缘上奥陶统-下志留统页岩气聚集条件[J].石油与天然气地质,33(3):335-345.

聂靖霜,2013.威远、长宁地区页岩气水平井钻井技术研究[D].成都:西南石油大学.

宁传祥,姜振学,苏思远,等,2016.泥页岩核磁共振 T2 谱换算孔隙半径方法[J].科学技术与工程,16(27):14-19.

蒲泊伶,2008.四川盆地页岩气成藏条件分析[D].青岛:中国石油大学.

秦华,范小军,刘明,等,2016.焦石坝地区龙马溪组页岩解吸气地球化学特征及地质意义[J].石油学报,37(7):846-854.

秦晓艳,王震亮,于红岩,等,2016.基于岩石物理与矿物组成的页岩脆性评价新方法[J].天然气地球科学,27(10):1924-1932,1941.

秦勇,2016.论深部煤层气基本地质问题[J].石油学报,37(1):125-136.

秦勇,傅雪海,2001.煤储层渗透率评价的技术原理与方法研究[C]//瓦斯地质新进展.中国煤炭学会:5.

秦勇,姜波,王继尧,等,2008.沁水盆地煤层气构造动力条件耦合控藏效应[J].地质学报(10):1355-1362.

邱登峰,周雁,袁玉松,等,2016.鄂西渝东区构造裂缝发育特征及力学机制[J].海相油气地质(4):51-59.

邱楠生,李慧莉,金之钧,2005.沉积盆地下古生界碳酸盐岩地区热历史恢复方法探索[J].地学前缘(4):561-567.

邱振,周杰,卢斌,等,2017.四川盆地及其周缘五峰组-龙马溪组有机质差异富集的主控因素探讨[J].地质科学,52(1):156-169.

尚福华,2017.黔北凤冈三区块构造对牛蹄塘组页岩气成藏的影响[D].贵阳:贵州大学.

沈礼,2012.基于粒子成像测速(PIV)技术的褶皱冲断构造物理模拟[J].地质论评,58(3):471-480.

石红才,施小斌,2014.中、上扬子白垩纪以来的剥蚀过程及构造意义:低温年代学数据约束[J].地球物理学报(8):2608-2619.

斯春松,张润合,姚根顺,等,2016.黔北拗陷及周缘构造作用与油气保存条件研究[J].中国矿业大学学报(5):1010-1021.

孙博,邓宾,刘树根,等,2018.多期叠加构造变形与页岩气保存条件的相关性:以川东南焦石坝地区为例[J].成都理工大学学报(自然科学版)(1):109-120.

孙玮,刘树根,宋金民,等,2017.叠合盆地古老深层碳酸盐岩油气成藏过程和特征:以四川叠合盆地震旦系灯影组为例[J].成都理工大学学报(自然科学版)(3):257-285.

唐大卿,2009.伊通盆地构造特征与构造演化[D].武汉:中国地质大学.

唐永,周立夫,陈孔全,等,2018.川东南构造应力场地质分析及构造变形成因机制讨论[J].地质论评(1):15-28.

腾格尔,申宝剑,俞凌杰,等,2017.四川盆地五峰组-龙马溪组页岩气形成与聚集机理[J].石油勘探与开发(1):69-78.

田洋,赵小明,王令占,等,2015.鄂西南利川三叠纪须家河组地球化学特征及其对风化、物源与构造背景的指示[J].岩石学报(1):261-272.

汪帆,2017.构造作用对页岩气储层质量的影响[J].石化技术(4):149.

汪泽成,赵文智,彭红雨,2002.四川盆地复合含油气系统特征[J].石油勘探与开发(2):26-28.

王必金,2006.江汉盆地构造演化与勘探方向[D].北京:中国地质大学.

王东旭,曾溅辉,宫秀梅,2005.膏盐岩层对油气成藏的影响[J].天然气地球科学(3):329-333.

王凤林,詹小飞,谭俊,等,2017.三江北段查涌铜多金属矿床成矿流体特征:流体包裹体及氢氧同位素证据[J].地质找矿论丛(1):15-23.

王行信,韩守华,2002.中国含油气盆地砂泥岩黏土矿物的组合类型[J].石油勘探与开发(4):1-3,11.

王红岩,2005.山西沁水盆地高煤阶煤层气成藏特征及构造控制作用[D].武汉:中国地质大学.

王红岩,刘玉章,赵群,等,2015.中、上扬子地区上奥陶-下志留统页岩气开发水平井井眼轨迹优化[J].油气井测试,24(6):7-10,73.

王令占,田洋,涂兵,等,2012.鄂西利川齐岳山高陡背斜带的古应力分析[J].大地构造与成矿学(4):490-503.

王濡岳,丁文龙,龚大建,等,2016a.黔北地区海相页岩气保存条件:以贵州岑巩区块下寒武统牛蹄塘组为例[J].石油与天然气地质,37(1):45-55.

王濡岳,丁文龙,龚大建,等,2016b.渝东南-黔北地区下寒武统牛蹄塘组页岩裂缝发育特征与主控因素[J].石油学报,37(7):832-845,877.

王适择,2014.川南长宁地区构造特征及志留系龙马溪组裂缝特征研究[D].成都:成都理工大学.

王铁冠,钟宁宁,熊波,等,1994.源岩生烃潜力的有机岩石学评价方法[J].石油学报(4):9-16.

王香增,2016.延长石油集团非常规天然气勘探开发进展[J].石油学报(1):137-144.

王星皓,乔钇锋,詹浪,等.,2017 宁201井区页岩气水平井压裂效果主控因素初探[J].天然气技术与经济(6):27-30.

王学武,杨正明,李海波,等,2010.核磁共振研究低渗透储层孔隙结构方法[J].西南石油大学学报(自然科学版),32(2):69-72,199.

王阳,2017.上扬子区龙马溪组页岩微孔缝结构演化与页岩气赋存[D].徐州:中国矿业大学.

王永炜,高胜利,高潮,2014.鄂尔多斯盆地延长探区陆相页岩气勘探[J].地质科技情报(6):88-98.

王玉满,王宏坤,张晨晨,等,2017.四川盆地南部深层五峰组-龙马溪组裂缝孔隙评价[J].石油勘探与开发(4):531-539.

王玉柱,孟召平,郭锐,等,2016.华南古生界页岩储层压力预测方法及其应用研究[J].煤炭学报,41(10):2631-2637.

王跃龙,2014.柴达木盆地东部石炭系页岩突破压力研究[D].北京:中国地质大学.

王正瑛,李秀华,王文才,等,1982.峨眉龙门洞地区峨眉山玄武岩顶部古风化壳[J].矿物岩石

(3):56-64,70,121-122.

王自翔,王永莉,吴保祥,等,2016.川西北低成熟沥青产气特征及生烃动力学应用[J].石油学报(3):339-347.

魏国齐,刘德来,张林,等,2005.四川盆地天然气分布规律与有利勘探领域[J].天然气地球科学(4):437-442.

魏民生,2017.川西拗陷东坡古构造恢复及其对天然气成藏的控制作用[D].荆州:长江大学.

魏祥峰,郭彤楼,刘若冰,2016.涪陵页岩气田焦石坝地区页岩气地球化学特征及成因[J].天然气地球科学(3):539-548.

吴蓓娟,彭渤,张坤,等,2016.黑色页岩化学风化程度指标研究[J].地质学报(4):818-832.

吴财芳,秦勇,傅雪海,2007.煤储层弹性能及其对煤层气成藏的控制作用[J].中国科学(D辑:地球科学)(9):1163-1168.

吴迪,2015.冀元1井及邻区中元古界流体包裹体与油气运移期次研究[D].北京:核工业北京地质研究院.

吴小力,李荣西,李尚儒,等,2018.下扬子地区海陆过渡相页岩气成藏条件与主控因素:以萍乐拗陷二叠系乐平组为例[J].地质科技情报(1):160-168.

吴逸豪,卢双舫,陈方文,等,2015.泥页岩储层有机孔隙定量评价研究[J].特种油气藏,22(5):65-68,153-154.

伍坤宇,张廷山,杨洋,等,2016.昭通示范区黄金坝气田五峰-龙马溪组页岩气储层地质特征[J].中国地质,43(1):275-287.

相建华,曾凡桂,李彬,等,2013.成庄无烟煤大分子结构模型及其分子模拟[J].燃料化学学报(4):391-399.

肖玲,2008.川南须家河组低渗透储层特征及测井预测[D].成都:成都理工大学.

谢军,2018.长宁——威远国家级页岩气示范区建设实践与成效[J].天然气工业(2):1-7.

解习农,郝芳,陆永潮,等,2017.南方复杂地区页岩气差异富集机理及其关键技术[J].地球科学(7):1045-1056.

徐和聆,张荣阁,1979.唐古拉山羊背石表层石英变形纹的初步研究[C]//青藏高原地质文集(1):110-120,193,196,208-209.

薛华庆,王红岩,刘洪林,等,2013.页岩吸附性能及孔隙结构特征-以四川盆地龙马溪组页岩为例[J].石油学报,34(5):826-832.

杨传忠,1994.贵州赤水地区宝1井喜获工业性气流[J].天然气工业(1):81.

杨蓉,尊珠桑姆,许长海,等,2010.四川盆地东部华蓥山断裂滑动分析与古应力重建[J].内蒙古石油化工(4):97-100.

杨淑雯,2015.川南地区古生界构造特征及其对页岩气保存条件的影响[D].荆州:长江大学.

杨潇,卞昂,阎捷,等,2008.复合材料残余应力的拉曼测定[J].光散射学报(1):47-51.

杨洋,2016.川南长宁地区下志留统龙马溪组页岩储层研究[D].成都:西南石油大学.

杨宇宁,王剑,郭秀梅,等,2017.渝东北田坝地区五峰-龙马溪组页岩矿物学特征及其油气地质意义[J].沉积学报(4):772-780.

姚艳斌,刘大锰,2016.基于核磁共振弛豫谱的煤储层岩石物理与流体表征[J].煤炭科学技术(6):14-22.

姚艳斌,刘大锰,2018.基于核磁共振弛豫谱技术的页岩储层物性与流体特征研究[J].煤炭学报(1):181-189.

尹福光,许效松,万方,等,2002.加里东期上扬子区前陆盆地演化过程中的层序特征与地层划分[J].地层学杂志(4):315-319.

尹宏伟,邱楠生,刘绍文,等,2016.构造热演化与页岩气的改造和保存研究[J].科技创新导报(10):162-163.

尹志恒,狄帮让,魏建新,等,2012.裂缝参数对纵波能量衰减影响的物理模型研究[J].石油地球物理勘探(5):728-734.

余川,包书景,秦启荣,等,2012.川东南地区下志留统页岩气成藏条件分析[J].石油天然气学报,34(2):41-45,165.

俞忠彬,2018.页岩气储层浅表样品垂向风化特征-以贵州习水龙马溪组页岩为例[J].矿物学报,38(1):74-84.

袁海锋,2008.四川盆地震旦系-下古生界油气成藏机理[D].成都:成都理工大学.

袁际华,柳广弟,张英,2008.相对盖层厚度封闭效应及其应用[J].西安石油大学学报(自然科学版)(1):34-36.

袁建新,1996.川南构造力学分区及其在油气勘探中的意义[J].重庆石油高等专科学校学报(1):1-4.

袁立,2014.川南地区寒武系碳酸盐岩储层形成机制与储层发育分布模式研究[D].成都:成都理工大学.

袁学旭,2014.多煤层含气系统识别研究[D].徐州:中国矿业大学.

袁玉松,周雁,邱登峰,等,2016.泥页岩非构造裂缝形成机制及特征[J].现代地质(1):155-162.

岳锋,程礼军,焦伟伟,等,2016.渝东南下古生界页岩构造裂缝形成及分布控制因素[J].地质科学,51(4):1090-1100.

曾庆才,陈胜,贺佩,等,2018.四川盆地威远龙马溪组页岩气甜点区地震定量预测[J].石油勘探与开发(3):1-9.

曾宪斌,1998.封盖层突破时间和周期浅析[J].天然气地球科学(1):43-46.

曾宪斌,万玉金,陈孟晋,等,1998.羌塘盆地封存条件与有利勘探区带筛选[J].海洋地质与第四纪地质(2):92-97.

翟刚毅,王玉芳,包书景,等,2017.我国南方海相页岩气富集高产主控因素及前景预测[J].地球科学(7):1057-1068.

张晨晨,王玉满,董大忠,等,2016.川南长宁地区五峰组-龙马溪组页岩脆性特征[J].天然气地球科学,27(9):1629-1639.

张淮浩,陈进富,李兴存,等,2005.天然气中微量组分对吸附剂性能的影响[J].石油化工(7):656-659.

张金川,姜生玲,唐玄,等,2009.我国页岩气富集类型及资源特点[J].天然气工业,29(12):

109-114.

张金川,金之均,袁明生,2004.页岩气成藏机理和分布[J].天然气工业,24(7):15-18.

张金川,薛会,张德明,等,2003.页岩气及其成藏机理[J].现代地质,17(4):466.

张林,魏国齐,李熙喆,等,2007.四川盆地震旦系-下古生界高过成熟烃源岩演化史分析[J].天然气地球科学(5):726-731.

张鹏飞,2009.中扬子地区古生代构造古地理格局及其演化[D].青岛:中国石油大学.

张鹏伟,胡黎明,温庆博,2018.基于微观机理的页岩气运移分析[J].工程科学学报,40(2):136-143.

张茜,余谦,王剑,等,2017.宁蒗盆地龙马溪组沉积构造背景分析[J].中国锰业(5):83-86.

张琴,梁峰,王红岩,等,2018.页岩元素地球化学特征及古环境意义:以渝东南地区五峰-龙马溪组为例[J].中国矿业大学学报(2):380-390.

张世锋,邱正松,汪海阁,等,2016.泥岩流-固-化耦合模型参数的蒙特卡洛估计[J].石油学报(7):921-929.

张涛,尹宏伟,贾东,等,2013.下扬子区构造变形特征与页岩气保存条件[J].煤炭学报(5):883-889.

张晓峰,2011.四川盆地寒武系膏盐岩特征与成藏条件研究[D].成都:成都理工大学.

张译戈,2014.长宁地区页岩气测井精细解释方法研究[D].成都:西南石油大学.

张岳桥,董树文,李建华,等,2011.中生代多向挤压构造作用与四川盆地的形成和改造[J].中国地质(2):233-250.

赵迪斐,郭英海,朱炎铭,等,2018.海相页岩储层微观孔隙非均质性及其量化表征[J].中国矿业大学学报(2):296-307.

赵瑞,2016.四川盆地南缘地形梯度带区域岩溶水系统研究[D].成都:成都理工大学.

赵永刚,王东旭,冯强汉,等,2017.油气田古地貌恢复方法研究进展[J].地球科学与环境学报(4):516-529.

赵瞻,李嵘,冯伟明,等,2017.滇黔北地区五峰组-龙马溪组页岩气富集条件及有利区预测[J].天然气工业(12):26-34.

郑伦举,2010.中国石化无锡石油地质研究所实验地质技术之岩石热声发射检测技术[J].石油实验地质(6):518.

周稳生,2016.四川盆地重磁异常特征与深部结构[D].南京:南京大学.

朱传庆,田云涛,徐明,等,2010.峨眉山超级地幔柱对四川盆地烃源岩热演化的影响[J].地球物理学报,53(1):119-127.

朱连山,1985.关于煤层中的瓦斯膨胀能[J].煤矿安全(2):47-50,38.

朱炎铭,陈尚斌,方俊华,等,2010.四川地区志留系页岩气成藏的地质背景[J].煤炭学报(7):1160-1164.

朱炎铭,王阳,陈尚斌,等,2016.页岩储层孔隙结构多尺度定性-定量综合表征:以上扬子海相龙马溪组为例[J].地学前缘(1):154-163.

朱瑜,张帆,李少荣,2016.渝东北下寒武统水井沱组陆棚相黑色页岩沉积演化特征[J].地质科学,51(3):961-977.

朱臻,2016.膏盐岩层对四川盆地页岩气保存及勘探的影响分析[D].南京:南京大学.

朱臻,尹宏伟,贾东,等,2015.四川盆地膏盐岩层对页岩气保存及勘探前景的影响[J].天然气地球科学(8):1472-1480.

邹才能,董大忠,王社教,等,2010.中国页岩气形成机理、地质特征及资源潜力[J].石油勘探与开发,37(6):641-653.

邹才能,董大忠,王玉满,等,2015.中国页岩气特征、挑战及前景(一)[J].石油勘探与开发,42(6):689-701.

邹才能,董大忠,王玉满,等,2016.中国页岩气特征、挑战及前景(二)[J].石油勘探与开发,43(2):166-178.

邹才能,陶士振,白斌,等,2015.论非常规油气与常规油气的区别和联系[J].中国石油勘探(1):1-16.

邹才能,杨智,朱如凯,等,2015.中国非常规油气勘探开发与理论技术进展[J].地质学报(6):979-1007.

邹才能,朱如凯,白斌,等,2011.中国油气储层中纳米孔首次发现及其科学价值[J].岩石学报,27(6):1857-1864.

邹玉涛,段金宝,赵艳军,等,2015.川东高陡断褶带构造特征及其演化[J].地质学报(11):2046-2052.